제3판

한국산업인력공단
HUMAN RESOURCES DEVELOPMENT SERVICE OF KOREA
양식조리기능사 실기문제

30 품목

양식 조리기능사 실기

(사)한국식음료외식조리교육협회

- 새로운 실기 출제기준 적용
- NCS 능력단위별 평가표 수록

www.ncook.or.kr

(주)백산출판사

대한민국 외식업계는 '세계화'라는 단어를 꺼내는 것이 새삼스럽게 느껴질 정도로 전국 어디서나 어렵지 않게 여러 나라의 음식을 즐길 수 있습니다. 이에 외식산업의 발전을 위한 유능한 조리인력 양성의 필요성이 그 어느 때보다 절실해지고 있습니다. 훌륭한 조리기능인의 양성이 시대적인 과제이며, 그러한 책임을 지고 있는 최일선의 교육현장에서 조리기능사 자격증을 지도하는 교수법의 중요성 또한 강조되고 있습니다. 일선의 교육현장에서는 각기 다른 방식으로 강의를 하여 조리기능사자격증 취득을 준비하는 수험생들에게 혼란을 일으키는 경우가 있어 왔으며, 또한 실기 검정장에서 심사위원들이 수험생의 기능채점을 할 때 어려움을 느낀 경우도 있었습니다. 그러므로 조리기능사 국가기술자격증 교수법의 검증된 표준화가 그 어느 때보다 절실하다 할 수 있습니다. 이에 '(사)한국식음료외식조리교육협회'에서는 교육현장의 생생한 강의 노하우를 바탕으로 수험생을 위한 조리사자격증 취득 중심의 수험서적을 발간하게 되었습니다.

본 교재는 대한민국의 요리학원과 직업훈련기관을 대표하는 협회라는 자부심과 책임감으로 출판하였습니다. 본 협회는 전국 요리교육의 기관장으로 구성된 단체이며, 요리교재 개발연구, 민간전문자격시험 개발연구, 요리교육기관장의 권익대변, 국가기술자격검증 자문, 요리교육정책 자문 등의 다양한 활동을 하고 있습니다. 회원들 대부분이 강의경력 20년 이상으로 조리전문자격기능 보유자이며, 전국의 각 지역에서 그 지역을 대표하는 훈련기관입니다. 수강생들의 자격증 취득을 위해서 요리교육 최일선에서 요리수강생들의 애로사항을 그 누구보다도 잘 알고 있는 원장님들의 풍부한 강의경험이 집결된 완성본입니다. 출제예상 실기과제에서 어떤 부분을 가장 많이 실수하고, 또한 어떤 부분을 중심으로 연습해야 자격시험에서 높은 점수를 받을 수 있는지에 대한 자료가 본 교재에 수록되어 있습니다.

본 교재는 1부에서 양식 조리실무에 관한 기본 이론을 정리하였으며, 2부에서는 NCS 학습모듈별 학습평가표를 수록하고 양식조리기능사 국가기술자격증 취득 중심으로 30가지 실기예상문제를 사진과 함께 세세하게 설명하였습니다. 특히, 양식조리기능사 실기교재의 경우 전국의 각기 다른 교수방법을 하나의 통일된 방법으로 강의법을 정리했다는 데 의의가 있습니다.

조리기능사 실기시험 심사위원과 조리기능사 수험생을 일선에서 지도하는 전국의 요리학원장 및 강사들의 의견을 취합하여 한국산업인력공단의 출제기준을 중심으로 제작한 교재이므로 객관성과 전문성에서 타 교재와 차별화된 특징을 가지고 있습니다.

본 (사)한국식음료외식조리교육협회는 앞으로 수험교재 및 전문서적의 지속적인 개발에 더욱 힘쓸 계획입니다. 한식조리기능사, 양식조리기능사, 조리기능사 학과교재 및 문제집, 중식조리기능사, 일식·복어조리기능사 등의 조리기능사 수험서적뿐만 아니라 조리산업기사, 조리기능장의 후속 교재도 곧 출판할 예정입니다. 본 수험서적은 최신의 검정자격기준을 중심으로 하여 출판한 점을 먼저 말씀드리고 싶습니다. 국가기술자격증 기술서적은 한국산업인력공단의 출제기준 및 채점기준, 지급목록 등에 있어서 변경사항 발생 시 그때그때 수시로 업데이트가 되어야 합니다.

본 협회에서 발행하는 수험서적은 조리기능사 출제기준의 변경사항을 최우선으로 고려하여 교재를 집필하고 있습니다. 많은 시간과 최선을 다하여 집필한 본 수험서적에 혹여 내용상의 일부 부족한 점이 있으리라 생각됩니다. 앞으로도 독자 여러분의 충고와 조언에 귀를 기울일 것이며, 궁금하신 사항은 (사)한국식음료외식조리교육협회로 문의해 주시기 바랍니다.

전국의 (사)한국식음료외식조리교육협회 회원 및 협회 산하 교재편찬위원회의 격려와 노고에 깊은 감사를 전하고 싶습니다. 또한 이 책이 나오기까지 아낌없는 성의와 물심양면으로 도움을 주신 (주)백산출판사 진욱상 사장님을 비롯하여 관계자 여러분께 깊은 감사를 드립니다.

마지막으로 이 수험서적으로 조리사자격증을 취득하시려는 모든 분들께 합격의 영광이 함께하길 기원드립니다.

(사)한국식음료외식조리교육협회 회원 일동

양식조리기능사 실기

양식조리기능사 실기

Contents

책을 내면서	5
NCS 학습모듈의 이해	14
양식조리기능사 시험 준비	16
출제기준(실기)	23

제1부 양식 조리실무 이해

1. 서양조리의 기본 썰기 용어	34
2. 식재료의 계량	36
3. 기본 조리법	37
4. 테이블세팅	39
5. 서양요리의 식사순서에 따른 예절	39
6. 허브와 향신료	41

제2부 NCS 양식 조리 학습모듈

1. 양식 스톡 조리

학습평가표

브라운 스톡	48

2. 양식 전채 · 샐러드 조리

학습평가표

슈림프 카나페	52
프렌치 프라이드 슈림프	54
참치 타르타르	56
월도프 샐러드	58
포테이토 샐러드	60

사우전 아일랜드 드레싱   62

해산물 샐러드   64

시저 샐러드   66

3. 양식 샌드위치 조리

학습평가표

BLT 샌드위치   70

햄버거 샌드위치   72

4. 양식 조식 조리

학습평가표

스패니시 오믈렛   76

치즈 오믈렛   78

5. 양식 수프 조리

학습평가표

비프 콘소메   82

미네스트로니 수프   84

피시차우더 수프   86

프렌치 어니언 수프   88

포테이토 크림수프   90

6. 양식 육류 조리

학습평가표

치킨 알라킹	94
치킨커틀릿	96
비프스튜	98
살리스버리 스테이크	100
서로인 스테이크	102
바비큐 폭찹	104

7. 양식 파스타 조리

학습평가표

스파게티 카르보나라	108
토마토소스 해산물 스파게티	110

8. 양식 소스 조리

학습평가표

이탈리안 미트소스	114
홀랜다이즈 소스	116
브라운 그레이비 소스	118
타르타르 소스	120
교재 편집위원 명단	122

▣ NCS 학습모듈이란?

NCS 학습모듈은 NCS 능력단위를 교육 및 직업훈련 시 활용할 수 있도록 구성한 교수·학습 자료이다. 즉, NCS 학습모듈은 학습자의 직무능력 제고를 위해 요구되는 학습 요소(학습내용)를 NCS에서 규정한 업무 프로세스나 세부 지식, 기술을 토대로 재구성한 것이다.

● NCS 학습모듈

NCS 학습모듈은 NCS 능력단위를 활용하여 개발한 교수·학습 자료로 고교, 전문대학, 대학, 훈련기관, 기업체 등에서 NCS기반 교육과정을 용이하게 구성·운영할 수 있도록 지원하는 역할을 수행한다.

● NCS와 NCS 학습모듈의 연결체제

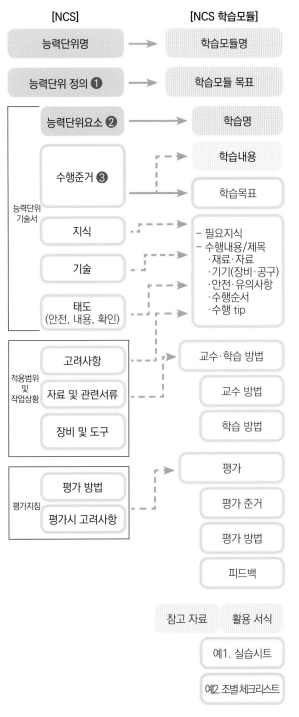

① 능력단위란
특정 직무에서 업무를 성공적으로 수행하기 위하여 요구되는 능력을 교육훈련 및 평가가 가능한 기능 단위로 개발한 것입니다.

② 능력단위요소란
해당 능력단위를 구성하는 중요한 범위 안에서 수행하는 기능을 도출한 것입니다.

③ 수행준거란
각 능력단위요소별로 능력의 성취여부를 판단하기 위해 개인들이 도달해야 하는 수행의 기준을 제시한 것입니다.

1. 원서접수 및 시행

접수방법 : 인터넷 접수만 가능 **원서접수 홈페이지 :** www.q-net.or.kr

접수시간 : 접수시간은 회별 원서접수 첫날 09:00부터 마지막날 18:00까지

합격자 발표 :

CBT 필기시험	실기시험
수험자 답안 제출과 동시에 합격여부 확인	해당 회차 실기시험 종료 후 다음주 목요일 09:00 합격자 발표

2. 시험과목

필기 : 양식 재료관리, 음식조리 및 위생관리

실기 : 슈림프 카나페 외 29품목(2024년 기준)

3. 검정방법

필기 : 객관식 4지 택일형, 60문항(60분)

실기 : 작업형(임의의 2개 메뉴를 시험시간 내에 조리하는 작업, 70분 정도)

4. 합격 기준

100점 만점에 60점 이상

5. 응시자격

응시자격 제한 없음

6. 필기시험 수험자 지참물(CBT시험)

수험표(www.q-net.or.kr에서 출력), 신분증

7. 실기시험 수험자 지참물

신분증 및 아래의 조리도구

번호	재료명	규격	단위	수량	비고
1	가위	–	EA	1	
2	강판	–	EA	1	
3	거품기(whipper)	수동	EA	1	자동 및 반자동 사용 불가
4	계량스푼	–	EA	1	
5	계량컵	–	EA	1	
6	국대접	기타 유사품 포함	EA	1	
7	국자	–	EA	1	
8	냄비	–	EA	1	시험장에도 준비되어 있음
9	다시백	–	EA	1	
10	도마	흰색 또는 나무도마	EA	1	시험장에도 준비되어 있음
11	뒤집개	–	EA	1	
12	랩	–	EA	1	
13	마스크	–	EA	1	*위생복장(위생복 · 위생모 · 앞치마 · 마스크)을 착용하지 않을 경우 채점대상에서 제외(실격)됩니다*
14	면포/행주	흰색	장	1	
15	밥공기	–	EA	1	
16	볼(bowl)	–	EA	1	시험장에도 준비되어 있음
17	비닐팩	위생백, 비닐봉지 등 유사품 포함	장	1	
18	상비의약품	손가락골무, 밴드 등	EA	1	
19	쇠조리(혹은 체)	–	EA	1	
20	숟가락	차스푼 등 유사품 포함	EA	1	
21	앞치마	흰색(남녀공용)	EA	1	*위생복장(위생복 · 위생모 · 앞치마 · 마스크)을 착용하지 않을 경우 채점대상에서 제외(실격)됩니다*
22	위생모	흰색	EA	1	
23	위생복	상의 – 흰색/긴소매, 하의 – 긴바지(색상 무관)	벌	1	
24	위생타월	키친타월, 휴지 등 유사품 포함	장	1	

번호	재료명	규격	단위	수량	비고
25	이쑤시개	산적꼬치 등 유사품 포함	EA	1	
26	접시	양념접시 등 유사품 포함	EA	1	
27	젓가락	–	EA	1	나무젓가락 필수 지참(오믈렛용)
28	종이컵	–	EA	1	
29	종지	–	EA	1	
30	주걱	–	EA	1	
31	집게	–	EA	1	
32	채칼(box grater)	–	EA	1	시저 샐러드용으로만 사용 가능
33	칼	조리용 칼, 칼집 포함	EA	1	
34	테이블스푼	–	EA	2	필수 지참, 숟가락으로 대체 가능
35	호일	–	EA	1	
36	프라이팬	–	EA	1	시험장에도 준비되어 있음

※ 지참준비물의 수량은 최소 필요수량으로 수험자가 필요시 추가지참 가능합니다.
※ 지참준비물은 일반적인 조리용을 의미하며, 기관명, 이름 등 표시가 없는 것이어야 합니다.
※ 지참준비물 중 수험자 개인에 따라 과제를 조리하는 데 불필요한 조리기구는 지참하지 않아도 무방합니다.
※ 지참준비물 목록에는 없으나 조리에 직접 사용되지 않는 조리 주방용품(예. 수저통 등)은 지참 가능합니다.
※ 수험자 지참준비물 이외의 조리기구를 사용한 경우 채점대상에서 제외(실격)됩니다.
※ 위생상태 세부기준은 큐넷 – 자료실 – 공개문제에 공지된 "위생상태 및 안전관리 세부기준"을 참조하시기 바랍니다.

8. 위생상태 및 안전관리 세부기준 안내

위생상태 및 안전관리 세부기준 안내		
순번	구분	세부기준

1	위생복 상의	• 전체 흰색, 손목까지 오는 긴소매
		  – 조리과정에서 발생 가능한 안전사고(화상 등) 예방 및 식품위생(체모 유입방지, 오염도 확인 등) 관리를 위한 기준 적용
		  – 조리과정에서 편의를 위해 소매를 접어 작업하는 것은 허용
		  – 부직포, 비닐 등 화재에 취약한 재질이 아닐 것, 팔토시는 긴팔로 불인정
		• 상의 여밈은 위생복에 부착된 것이어야 하며 벨크로(일명 찍찍이), 단추 등의 크기, 색상, 모양, 재질은 제한하지 않음(단, 핀 등 별도 부착한 금속성은 제외)

2	위생복 하의	• 색상 · 재질 무관, 안전과 작업에 방해가 되지 않는 발목까지 오는 긴 바지 – 조리기구 낙하, 화상 등 안전사고 예방을 위한 기준 적용
3	위생모	• 전체 흰색, 빈틈이 없고 바느질 마감처리가 되어 있는 일반 조리장에서 통용되는 위생모 (모자의 크기, 길이, 모양, 재질(면 · 부직포 등)은 무관)
4	앞치마	• 전체 흰색, 무릎아래까지 덮이는 길이 – 상하일체형(목끈형) 가능, 부직포 · 비닐 등 화재에 취약한 재질이 아닐 것
5	마스크	• 침액을 통한 위생상의 위해 방지용으로 종류는 제한하지 않음 (단, 감염병 예방법에 따라 마스크 착용 의무화 기간에는 '투명 위생 플라스틱 입가리개'는 마스크 착용으로 인정하지 않음)
6	위생화 (작업화)	• 색상 무관, 굽이 높지 않고 발가락 · 발등 · 발뒤꿈치가 덮여 안전사고를 예방할 수 있는 깨끗한 운동화 형태
7	장신구	• 일체의 개인용 장신구 착용 금지(단, 위생모 고정을 위한 머리핀 허용)
8	두발	• 단정하고 청결할 것, 머리카락이 길 경우 흘러내리지 않도록 머리망을 착용하거나 묶을 것
9	손 / 손톱	• 손에 상처가 없어야하나, 상처가 있을 경우 보이지 않도록 할 것 (시험위원 확인 하에 추가 조치 가능) • 손톱은 길지 않고 청결하며 매니큐어, 인조손톱 등을 부착하지 않을 것
10	폐식용유 처리	• 사용한 폐식용유는 시험위원이 지시하는 적재장소에 처리할 것
11	교차오염	• 교차오염 방지를 위한 칼, 도마 등 조리기구 구분 사용은 세척으로 대신하여 예방할 것 • 조리기구에 이물질(예, 테이프)을 부착하지 않을 것
12	위생관리	• 재료, 조리기구 등 조리에 사용되는 모든 것은 위생적으로 처리하여야 하며, 조리용으로 적합한 것일 것
13	안전사고 발생 처리	• 칼 사용(손 빔) 등으로 안전사고 발생 시 응급조치를 하여야하며, 응급조치에도 지혈이 되지 않을 경우 시험진행 불가
14	눈금표시 조리도구	• 눈금표시된 조리기구 사용 허용 (실격 처리되지 않음, 2022년부터 적용) (단, 눈금표시에 재어가며 재료를 써는 조리작업은 조리기술 및 숙련도 평가에 반영)
15	부정 방지	• 위생복, 조리기구 등 시험장내 모든 개인물품에는 수험자의 소속 및 성명 등의 표식이 없을 것 (위생복의 개인 표식 제거는 테이프로 부착 가능)
16	테이프사용	• 위생복 상의, 앞치마, 위생모의 소속 및 성명을 가리는 용도로만 허용

※ 위 내용은 식품안전관리인증기준(HACCP) 평가(심사) 매뉴얼, 위생등급 가이드라인 평가기준 및 시행상의 운영사항을 참고하여 작성된 기준입니다.

9. 위생상태 및 안전관리에 대한 채점기준 안내

위생상태 및 안전관리에 대한 채점기준 안내	
위생 및 안전 상태	**비고**
1. 위생복(상/하의), 위생모, 앞치마, 마스크 중 한 가지라도 미착용한 경우 2. 평상복(흰티셔츠, 와이셔츠), 패션모자(흰털모자, 비니, 야구모자) 등 기준을 벗어난 위생복장을 착용한 경우	실격 (채점대상 제외)
3. 위생복(상/하의), 위생모, 앞치마, 마스크를 착용하였더라도 • 무늬가 있거나 유색의 위생복 상의 · 위생모 · 앞치마를 착용한 경우 • 흰색의 위생복 상의 · 앞치마를 착용하였더라도 부직포, 비닐 등 화재에 취약한 재질의 복장을 착용한 경우 • 팔꿈치가 덮이지 않는 짧은 팔의 위생복을 착용한 경우 • 위생복 하의의 색상, 재질은 무관하나 짧은 바지, 통이 넓은 힙합스타일 바지, 타이츠, 치마 등 안전과 작업에 방해가 되는 복장을 착용한 경우 • 위생모가 뚫려있어 머리카락이 보이거나, 수건 등으로 감싸 바느질 마감 처리가 되어있지 않고 풀어지기 쉬워 일반 조리장용으로 부적합한 경우 4. 이물질(예, 테이프) 부착 등 식품위생에 위배되는 조리기구를 사용한 경우	'위생상태 및 안전관리' 점수 전체 0점
5. 위생복(상/하의), 위생모, 앞치마, 마스크를 착용하였더라도 • 위생복 상의가 팔꿈치를 덮기는 하나 손목까지 오는 긴소매가 아닌 위생복(팔토시 착용은 긴소매로 불인정), 실험복 형태의 긴가운, 핀 등 금속을 별도 부착한 위생복을 착용하여 세부기준을 준수하지 않았을 경우 • 테두리선, 칼라, 위생모 짧은 창 등 일부 유색의 위생복 상의 · 위생모 · 앞치마를 착용한 경우 (테이프 부착 불인정) • 위생복 하의가 발목까지 오지 않는 8부바지 • 위생복(상/하의), 위생모, 앞치마, 마스크에 수험자의 소속 및 성명을 테이프 등으로 가리지 않았을 경우 6. 위생화(작업화), 장신구, 두발, 손/손톱, 폐식용유 처리, 안전사고 발생 처리 등'위생상태 및 안전관리 세부기준'을 준수하지 않았을 경우 7. '위생상태 및 안전관리 세부기준'이외에 위생과 안전을 저해하는 기타 사항이 있을 경우	'위생상태 및 안전관리' 점수 일부 감점

※ 위 기준에 표시되어 있지 않으나 일반적인 개인위생, 식품위생, 주방위생, 안전관리를 준수하지 않았을 경우 감점처리 될 수 있습니다.
※ 수도자의 경우 제복 + 위생복 상의/하의, 위생모, 앞치마, 마스크 착용 허용

10. 실기시험 채점기준

조리기능사 채점기준			
주요항목	세부항목	배점	순번
위생상태	개인위생	0~3	공통배점
위생상태	조리위생	0~4	공통배점
조리기술	재료손질	0~3	과제별배점
조리기술	조리조작	0~27	과제별배점
작품평가	작품의 맛	0~6	과제별배점
작품평가	작품의 색	0~5	과제별배점
작품평가	그릇 담기	0~4	과제별배점
마무리	정리, 정돈	0~3	공통배점

과제별 배점의 합이 각각 45점, 공통 배점의 합이 10점
따라서 2가지 과제를 만들었을 때 100점(45점×2+10점)이고 60점 이상 합격

조리산업기사 채점기준			
주요항목	세부항목	배점	비고
위생 및 작업관리	복장 및 개인위생	0~3	
위생 및 작업관리	조리과정 위생	0~4	
위생 및 작업관리	정리 정돈 청소	0~3	
조리작업, 숙련	재료손질	0~7	
조리작업, 숙련	재료분배	0~7	
조리작업, 숙련	전처리작업	0~6	
조리작업, 숙련	썰기작업	0~10	
조리작업, 숙련	양념하기	0~5	
조리작업, 숙련	가열하기	0~10	
조리작업, 숙련	기구사용	0~5	
조리작업, 숙련	조리순서	0~10	
조리작업, 숙련	조리방법	0~10	
작품평가	완성도	0~12	
작품평가	그릇 담기	0~8	

모든 과제(5가지 과제)를 통합하여 채점(조리작업의 숙련도를 중심으로)
각 감독별로 100점 만점 채점×2인 = 200점 만점(평균 60점 이상 합격)

11. 수험자 유의사항

❶ 만드는 순서에 유의하며, 위생과 숙련된 기능평가를 위하여 조리작업 시 맛을 보지 않습니다.

❷ 지정된 수험자 지참준비물 이외의 조리기구나 재료를 시험장 내에 지참할 수 없습니다.

❸ 지급재료는 시험 전 확인하여 이상이 있을 경우 시험위원으로부터 조치를 받고 시험 중에는 재료의 교환 및 추가지급은 하지 않습니다.

❹ 요구사항 및 지급재료의 규격은 "정도"의 의미를 포함하며, 지급된 재료의 크기에 따라 가감하여 채점됩니다.

❺ 위생복, 위생모, 앞치마, 마스크를 착용하여야 하며, 시험장비·조리도구 취급 등 안전에 유의합니다.

❻ 다음 사항은 실격에 해당하여 **채점대상에서 제외**됩니다.

　가) 수험자 본인이 시험 도중 시험에 대한 포기 의사를 표현하는 경우

　나) 위생복, 위생모, 앞치마, 마스크를 착용하지 않은 경우

　다) 시험시간 내에 과제 두 가지를 제출하지 못한 경우

　라) 문제의 요구사항대로 과제의 수량이 만들어지지 않은 경우

　마) 완성품을 요구사항의 과제(요리)가 아닌 다른 요리(예, 달걀말이 → 달걀찜)로 만든 경우

　바) 불을 사용하여 만든 조리작품이 작품특성에 벗어나는 정도로 타거나 익지 않은 경우

　사) 해당과제의 지급재료 이외 재료를 사용하거나 요구사항의 조리기구(석쇠 등)로 완성품을 조리하지 않은 경우

　아) 지정된 수험자 지참준비물 이외의 조리기술에 영향을 줄 수 있는 기구를 사용한 경우

　자) 가스레인지 화구 2개 이상(2개 포함) 사용한 경우

　차) 시험 중 시설·장비(칼, 가스레인지 등) 사용 시 시험위원 및 타 수험자의 시험 진행에 위해를 일으킬 것으로 시험위원 전원이 합의하여 판단한 경우

　카) 요구사항에 표시된 실격 및 부정행위에 해당하는 경우

❼ 항목별 배점은 위생상태 및 안전관리 5점, 조리기술 30점, 작품의 평가 15점입니다.

❽ 시험시작 전 가벼운 몸 풀기(스트레칭) 동작으로 긴장을 풀고 시험을 시작합니다.

직무 분야	음식 서비스	중직무 분야	조리	자격 종목	양식조리기능사	적용 기간	2023.1.1.~2025.12.31.

• 직무내용 : 양식메뉴 계획에 따라 식재료를 선정, 구매, 검수, 보관 및 저장하며 맛과 영양을 고려하여 안전하고 위생적으로 음식을 조리하고 조리기구와 시설관리를 수행하는 직무이다.

• 수행준거 : 1. 음식조리 작업에 필요한 위생관련 지식을 이해하고, 주방의 청결상태와 개인위생·식품위생을 관리하여 전반적인 조리작업을 위생적으로 수행할 수 있다.

2. 주방에서 일어날 수 있는 사고와 재해에 대하여 안전기준 확인, 안전수칙 준수, 안전예방 활동을 할 수 있다.

3. 기본 칼 기술, 주방에서 업무수행에 필요한 조리기본 기능, 기본 조리방법을 습득하고 활용할 수 있다.

4. 육류, 어패류, 채소류 등을 활용하여 양식조리에 사용되는 육수를 조리할 수 있다.

5. 식욕을 돋우기 위한 요리로 육류, 어패류, 채소류 등을 활용하여 곁들여지는 소스 등을 조리할 수 있다.

6. 각종 샌드위치를 조리할 수 있다.

7. 어패류·육류·채소류·유제품류·가공식품류를 활용하여 단순 샐러드와 복합 샐러드, 각종 드레싱류를 조리할 수 있다.

8. 어패류·육류·채소류·유제품류·가공식품류를 활용하여 조식 등에 사용되는 각종 조식요리를 조리할 수 있다.

실기검정방법	작업형	시험시간	70분 정도

실기과목명	주요항목	세부항목	세세항목
양식 조리 실무	1. 음식 위생 관리	1. 개인위생 관리하기	1. 위생관리기준에 따라 조리복, 조리모, 앞치마, 조리안전화 등을 착용할 수 있다. 2. 두발, 손톱, 손 등 신체청결을 유지하고 작업수행 시 위생습관을 준수할 수 있다. 3. 근무 중의 흡연, 음주, 취식 등에 대한 작업장 근무수칙을 준수할 수 있다. 4. 위생관련법규에 따라 질병, 건강검진 등 건강상태를 관리하고 보고할 수 있다.
		2. 식품위생 관리하기	1. 식품의 유통기한·품질 기준을 확인하여 위생적인 선택을 할 수 있다. 2. 채소·과일의 농약 사용여부와 유해성을 인식하고 세척할 수 있다. 3. 식품의 위생적 취급기준을 준수할 수 있다. 4. 식품의 반입부터 저장, 조리과정에서 유독성, 유해물질의 혼입을 방지할 수 있다.

실기과목명	주요항목	세부항목	세세항목
		3. 주방위생 관리하기	1. 주방 내에서 교차오염 방지를 위해 조리생산 단계별 작업공간을 구분하여 사용할 수 있다. 2. 주방위생에 있어 위해요소를 파악하고, 예방할 수 있다. 3. 주방, 시설 및 도구의 세척, 살균, 해충·해서 방제작업을 정기적으로 수행할 수 있다. 4. 시설 및 도구의 노후상태나 위생상태를 점검하고 관리할 수 있다. 5. 식품이 조리되어 섭취되는 전 과정의 주방 위생 상태를 점검하고 관리할 수 있다. 6. HACCP적용업장의 경우 HACCP관리기준에 의해 관리할 수 있다.
	2. 음식 안전 관리	1. 개인안전 관리하기	1. 안전관리 지침서에 따라 개인 안전관리 점검표를 작성할 수 있다. 2. 개인안전사고 예방을 위해 도구 및 장비의 정리정돈을 상시할 수 있다. 3. 주방에서 발생하는 개인 안전사고의 유형을 숙지하고 예방을 위한 안전수칙을 지킬 수 있다. 4. 주방 내 필요한 구급품이 적정 수량 비치되었는지 확인하고 개인 안전 보호 장비를 정확하게 착용하여 작업할 수 있다. 5. 개인이 사용하는 칼에 대해 사용안전, 이동안전, 보관안전을 수행할 수 있다. 6. 개인의 화상사고, 낙상사고, 근육팽창과 골절사고, 절단사고, 전기기구에 인한 전기 쇼크 사고, 화재사고와 같은 사고 예방을 위해 주의사항을 숙지하고 실천할 수 있다. 7. 개인 안전사고 발생 시 신속 정확한 응급조치를 실시하고 재발 방지 조치를 실행할 수 있다.

실기과목명	주요항목	세부항목	세세항목
		2. 장비 · 도구 안전 작업하기	1. 조리장비 · 도구에 대한 종류별 사용방법 에 대해 주의사항을 숙지할 수 있다. 2. 조리장비 · 도구를 사용 전 이상 유무를 점 검할 수 있다. 3. 안전 장비 류 취급 시 주의사항을 숙지하 고 실천할 수 있다. 4. 조리장비 · 도구를 사용 후 전원을 차단하 고 안전수칙을 지키며 분해하여 청소할 수 있다. 5. 무리한 조리장비 · 도구 취급은 금하고 사 용 후 일정한 장소에 보관하고 점검할 수 있다. 6. 모든 조리장비 · 도구는 반드시 목적 이외 의 용도로 사용하지 않고 규격품을 사용할 수 있다.
		3. 작업환경 안전관 리하기	1. 작업환경 안전관리 시 작업환경 안전관리 지침서를 작성할 수 있다. 2. 작업환경 안전관리 시 작업장 주변 정리 정돈 등을 관리 점검할 수 있다. 3. 작업환경 안전관리 시 제품을 제조하는 작 업장 및 매장의 온 · 습도관리를 통하여 안 전사고요소 등을 제거할 수 있다. 4. 작업장 내의 적정한 수준의 조명과 환기, 이물질, 미끄럼 및 오염을 방지할 수 있다. 5. 작업환경에서 필요한 안전관리시설 및 안 전용품을 파악하고 관리할 수 있다. 6. 작업환경에서 화재의 원인이 될 수 있는 곳을 자주 점검하고 화재진압기를 배치하 고 사용할 수 있다. 7. 작업환경에서의 유해, 위험, 화학물질을 처리기준에 따라 관리할 수 있다. 8. 법적으로 선임된 안전관리책임자가 정기 적으로 안전교육을 실시하고 이에 참여할 수 있다.
	3. 양식 기초 조리실무	1. 기본 칼 기술 습 득하기	1. 칼의 종류와 사용용도를 이해할 수 있다. 2. 기본 썰기 방법을 습득할 수 있다. 3. 조리목적에 맞게 식재료를 썰 수 있다. 4. 칼을 연마하고 관리할 수 있다.

실기과목명	주요항목	세부항목	세세항목
		2. 기본 기능 습득 하기	1. 조리기기의 종류 및 용도에 대하여 이해하 고 설명할 수 있다. 2. 조리에 필요한 조리도구를 사용하고 종류 별 특성에 맞게 적용 할 수 있다. 3. 계량법을 이해하고 활용할 수 있다. 4. 채소에 대하여 전처리 방법으로 처리할 수 있다. 5. 어패류에 대하여 전처리 방법으로 처리할 수 있다. 6. 육류에 대하여 전처리 방법으로 처리할 수 있다. 7. 양식조리의 요리별 스톡 및 소스를 용도에 맞게 만들 수 있다. 8. 양식 조리작업에 사용한 조리도구와 주방 을 정리 정돈할 수 있다.
		3. 기본 조리법 습 득하기	1. 서양요리의 기본 조리방법과 조리과학을 이해할 수 있다. 2. 식재료에 맞는 건열조리를 할 수 있다. 3. 식재료에 맞는 습열조리를 할 수 있다. 4. 식재료에 맞는 복합가열조리를 할 수 있다. 5. 식재료에 맞는 비가열조리를 할 수 있다.
	4. 양식 스톡 조리	1. 스톡재료 준비하기	1. 조리에 필요한 부케가니(Bouquet Garni) 를 준비할 수 있다. 2. 스톡의 종류에 따라 미르포아(Mirepoix)를 준비할 수 있다. 3. 육류, 어패류의 뼈를 찬물에 담가 핏물을 제거할 수 있다. 4. 브라운스톡은 조리에 필요한 뼈와 부속물 을 오븐에 구워서 준비할 수 있다.
		2. 스톡 조리하기	1. 찬물에 재료를 넣고 서서히 끓일 수 있다. 2. 끓이는 과정에서 불순물이나 기름이 위로 떠오르면 걷어낼 수 있다. 3. 적절한 시간에 미르포아와 향신료를 첨가 할 수 있다. 4. 지정된 맛, 향, 농도, 색이 될 때까지 조리 할 수 있다.
		3. 스톡 완성하기	1. 조리된 스톡을 불순물이 섞이지 않게 걸러 낼 수 있다. 2. 마무리된 스톡의 색, 맛, 투명감, 풍미, 온 도를 통해 스톡의 품질을 평가할 수 있다. 3. 스톡을 사용용도에 맞추어 풍미와 질감을 갖도록 완성할 수 있다.

실기과목명	주요항목	세부항목	세세항목
	5. 양식 전채 · 샐러드조리	1. 전채 · 샐러드재료 준비하기	1. 전채 · 샐러드를 조리하기 위해 적합한 콘디멘트(Condiments)를 준비할 수 있다. 2. 전채 · 샐러드메뉴 구성을 고려한 재료를 준비할 수 있다. 3. 재료를 용도와 특성에 맞게 전처리할 수 있다. 4. 전채 · 샐러드 조리에 필요한 드레싱과 소스를 준비할 수 있다. 5. 메뉴에 맞는 전채 · 샐러드 조리에 필요한 조리법을 숙지할 수 있다. 6. 전채 · 샐러드 조리에 필요한 조리도구(Kitchen Utensil)를 준비할 수 있다.
		2. 전채 · 샐러드 조리하기	1. 메뉴에 맞는 주재료를 사용하여 전채 · 샐러드를 조리할 수 있다. 2. 식초, 기름, 유화식품 등을 사용하여 안정된 상태의 드레싱을 만들 수 있다. 3. 육류, 어패류, 채소류, 곡류는 각 재료의 특성에 맞게 조리할 수 있다. 4. 채소류, 허브, 향신료, 콘디멘트(Condiment)를 적절하게 사용할 수 있다. 5. 필요한 경우 드레싱에 버무리기 전 시즈닝할 수 있다.
		3. 전채 · 샐러드 요리 완성하기	1. 요리에 알맞은 온도로 접시를 준비할 수 있다. 2. 색과 모양 그리고 여백을 살려 접시에 담을 수 있다. 3. 허브와 향신료, 콘디멘트(Condiment)를 적절하게 선택하여 첨가할 수 있다. 4. 드레싱이나 소스를 얹거나 버무릴 수 있다. 5. 필요한 접시, 도구, 핑거볼 등을 제공할 수 있다. 6. 마무리된 음식의 색, 맛, 풍미, 온도를 통해 음식의 품질을 평가할 수 있다.
	6. 양식 샌드위치 조리	1. 샌드위치 재료 준비하기	1. 샌드위치의 종류에 따른 조직과 조각 모양을 갖는 빵을 준비할 수 있다 2. 샌드위치의 종류에 따라 스프레드 재료를 준비할 수 있다. 3. 속재료는 샌드위치 특성에 따라 준비할 수 있다. 4. 속재료와 어울릴 수 있는 가니쉬 재료를 준비할 수 있다.

실기과목명	주요항목	세부항목	세세항목
		2. 샌드위치 조리하기	1. 일의 흐름이 순차적으로 되도록 모든 재료를 만들기 편한 위치에 놓을 수 있다. 2. 샌드위치 종류에 따라 주재료와 어울리는 부재료, 콘디멘트, 사이드디시를 선택하고 만들 수 있다. 3. 더운 샌드위치에 어울리는 스프레드를 구분하여 사용할 수 있다. 4. 찬 샌드위치에 어울리는 스프레드를 구분하여 사용할 수 있다. 5. 스프레드를 바른 빵에 주재료와 부재료를 선택하여 만들 수 있다.
		3. 샌드위치 완성하기	1. 샌드위치에 알맞은 온도의 접시를 준비할 수 있다. 2. 샌드위치를 다양한 모양으로 썰 수 있다. 3. 색과 모양 그리고 여백을 살려 접시에 담을 수 있다. 4. 샌드위치에 적합한 콘디멘트(Condiments)를 제공할 수 있다. 5. 완성된 샌드위치의 맛, 온도, 크기, 색과 모양을 통해 음식의 품질을 평가할 수 있다.
	7. 양식 조식 조리	1. 달걀요리 조리하기	1. 달걀 요리에 맞는 재료를 준비할 수 있다. 2. 달걀 조리에 필요한 주방 도구(Kitchen Utensil)를 준비할 수 있다. 3. 달걀과 부재료를 사용하여 달걀 요리 종류에 맞게 조리할 수 있다. 4. 메뉴의 조리법에 따라 알맞은 부재료를 사용하여 완성할 수 있다. 5. 마무리된 음식의 색깔과 맛, 풍미, 온도를 통해 음식의 품질을 평가할 수 있다.
		2. 조식용 빵 조리하기	1. 조식용 빵 조리에 맞는 재료를 준비할 수 있다. 2. 조식용 빵 조리에 필요한 주방 도구(Kitchen Utensil)를 준비할 수 있다. 3. 조식용 빵재료와 부재료를 사용하여 조식용 빵 종류에 맞게 조리할 수 있다. 4. 메뉴의 조리법에 따라 알맞은 부재료를 사용하여 완성할 수 있다. 5. 마무리된 음식의 색깔과 맛, 풍미, 온도를 통해 음식의 품질을 평가할 수 있다.

실기과목명	주요항목	세부항목	세세항목
		3. 시리얼 조리하기	1. 시리얼 요리에 맞는 재료를 준비할 수 있다. 2. 시리얼 조리에 필요한 주방 도구(Kitchen Utensil)를 준비할 수 있다. 3. 시리얼과 부재료를 사용하여 시리얼류 요리 종류에 맞게 조리할 수 있다. 4. 메뉴의 조리법에 따라 알맞은 부재료를 사용하여 완성할 수 있다. 5. 마무리된 음식의 색깔과 맛, 풍미, 온도를 통해 음식의 품질을 평가할 수 있다.
	8. 양식 수프 조리	1. 수프재료 준비하기	1. 육류, 어패류, 채소류, 곡류에서 수프용도에 알맞은 재료를 선별하여 준비할 수 있다. 2. 조리에 필요한 부케가니(Bouquet Garni)를 준비할 수 있다. 3. 미르포아(Mirepoix)를 준비할 수 있다. 4. 수프에 적합한 농후제를 준비할 수 있다. 5. 수프에 필요한 스톡을 준비할 수 있다. 6. 수프 조리에 필요한 조리도구(Kitchen Utensil)를 준비할 수 있다.
		2. 수프 조리하기	1. 수프의 종류에 따라 내용물과 스톡의 비율을 조정할 수 있다. 2. 수프의 종류에 따라 주요 향미를 가진 재료를 순서에 따라 볶아낼 수 있다. 3. 스톡을 넣고 끓이며, 위에 뜨는 불순물을 제거할 수 있다. 4. 원하는 수프의 향, 색, 농도가 충분히 우러나도록 끓일 수 있다. 5. 수프의 종류에 따라 갈아주거나 걸러줄 수 있다.
		3. 수프요리 완성하기	1. 수프의 종류에 따라 크루톤(Crouton), 휘핑 크림(Whipping Cream), 퀜넬(Quennel)과 같은 가니쉬(Garnishi)를 제공할 수 있다. 2. 마무리된 수프의 색깔과 맛, 투명도, 풍미, 온도를 통해 수프의 품질을 평가할 수 있다.

실기과목명	주요항목	세부항목	세세항목
	9. 양식 육류 조리	1. 육류재료 준비하기	1. 조리법과 재료의 질감(Texture) 정도, 향미를 고려하여 육류, 가금류의 종류와 메뉴에 맞는 부위를 선택할 수 있다. 2. 메뉴의 종류에 따라 육류, 가금류의 종류와 조리 부위를 선택할 수 있다. 3. 용도에 맞게 재료를 발골, 절단하여 손질할 수 있다. 4. 요리에 알맞은 부재료와 소스를 준비할 수 있다. 5. 로스팅(Roasting) 할 재료는 끈을 사용하여 감쌀 수 있도록 묶을 수 있다. 6. 필요에 따라 마리네이드(Marinade)를 위해 향신료와 채소를 채워넣는 방법을 사용할 수 있다. 7. 육류조리에 필요한 주방도구(Kitchen Utensil)를 준비할 수 있다.
		2. 육류 조리하기	1. 육류, 가금류 요리 시 재료에 적합한 조리법과 조리 도구를 결정하여 조리할 수 있다. 2. 재료가 눌러 붙거나 부서지지 않도록 조리할 수 있다. 3. 육류, 가금류 요리에 알맞은 가니쉬(Garnish)와 소스를 조리할 수 있다. 4. 화력과 시간을 조절하여 원하는 익힘 정도로 조리할 수 있다. 5. 향신료를 사용하여 향과 맛을 조절할 수 있다.
		3. 육류요리 완성하기	1. 맛과 풍미가 좋은 육류, 가금류 요리를 제공할 수 있다. 2. 주재료에 어울리는 가니쉬(Garnish)를 제공할 수 있다. 3. 마무리된 음식의 색깔과 맛, 풍미, 온도를 통해 음식의 품질을 평가할 수 있다.
	10. 양식 파스타 조리	1. 파스타재료 준비하기	1. 파스타 재료를 계량하여 손으로 반죽할 수 있다. 2. 원하는 모양으로 만든 면발이 서로 엉겨붙지 않도록 처리할 수 있다. 3. 파스타에 필요한 부재료, 소스 재료를 준비할 수 있다. 4. 파스타 조리에 필요한 주방 도구(Kitchen Utensil)를 준비할 수 있다.

실기과목명	주요항목	세부항목	세세항목
		2. 파스타 조리하기	1. 면의 종류에 따라 끓는 물에 삶아 낼 수 있다. 2. 속을 채운 파스타의 경우, 터지지 않게 삶을 수 있다. 3. 삶아 익힌 면은 물기를 제거한 후 달라붙지 않게 조리할 수 있다. 4. 파스타의 종류에 따라 부재료와 소스를 선택하여 조리할 수 있다.
		3. 파스타요리 완성하기	1. 1인분의 양을 조절하여 제공할 수 있다. 2. 주재료에 어울리는 가니쉬(Garnish)를 제공할 수 있다. 3. 파스타 종류에 알맞은 그릇에 담아 제공할 수 있다. 4. 마무리된 음식의 색깔과 맛, 풍미, 온도를 통해 음식의 품질을 평가할 수 있다.
	11. 양식 소스 조리	1. 소스재료 준비하기	1. 조리에 필요한 부케가니(Bouquet Garni)를 준비할 수 있다. 2. 미르포아(Mirepoix)를 준비할 수 있다. 3. 루(Roux)를 사용용도에 맞게 볶는 정도를 조절하여 조리할 수 있다. 4. 소스에 필요한 스톡을 준비할 수 있다. 5. 소스 조리에 필요한 주방도구(Kitchen Utensil)를 준비할 수 있다.
		2. 소스 조리하기	1. 미르포아(Mirepoix)를 볶은 다음 찬 스톡을 넣고 서서히 끓일 수 있다. 2. 소스의 용도에 맞게 농후제를 사용할 수 있다. 3. 소스를 끓이는 과정에서 불순물이나 기름이 위로 떠오르면 걷어낼 수 있다. 4. 적절한 시간에 향신료를 첨가할 수 있다. 5. 원하는 소스의 지정된 맛, 향, 농도, 색이 될 때까지 조리할 수 있다. 6. 소스를 걸러내어 정제할 수 있다.
		3. 소스 완성하기	1. 소스의 품질이 떨어지지 않도록 적정 온도를 유지할 수 있다. 2. 소스에 표막이 생성되는 것을 막기 위하여 버터나 정제된 버터로 표면을 덮어 마무리할 수 있다. 3. 마무리 된 소스의 색과 맛, 투명도, 풍미, 온도를 통해 소스의 품질을 평가할 수 있다. 4. 요구되는 양에 맞추어 소스를 제공할 수 있다.

Part **1** NCS

양식
조리실무 이해

1. 서양조리의 기본 썰기 용어

1) Julienne(줄리앙) : 0.6cm×0.6cm×6cm 길이다. 네모막대기 썰기인데 Batonnet(바토네) or Large Julienne(라지 줄리앙)이라 한다.

   Fine Julienne(파인 줄리앙) : 0.15cm×0.15cm×5cm 정도의 가늘게 채썬 형태로 당근, 무, 감자, 셀러리 등을 조리할 때 사용.

2) Dice(다이스)
   ① Large − 2cm×2cm×2cm 크기의 주사위형 네모 썰기.
   ② Medium − 1.2cm×1.2cm×1.2cm의 주사위 모양.
   ③ Small − 0.6cm×0.6cm×0.6cm 크기의 주사위형 정육면체.

3) Brunoise(브루노와즈) : 0.3cm×0.3cm×0.3cm 주사위형 정육면체로 작은 형태의 네모 썰기.

   Fine Brunoise(파인 브루노와즈) : 0.15cm×0.15cm×0.15cm 형태의 네모 썰기.

4) Paysanne(페이잔느) : 1.2cm×1.2cm×0.3cm 크기의 직육면체로 납작한 네모 형태.

5) Chiffonade(시포나드) : 실처럼 가늘게 써는 것. 바질잎이나 상치, 허브잎 등을 겹겹이 쌓은 후 둥글게 말아서 가늘게 썬다.

6) Cube(큐브) : 1.5cm×1.5cm×1.5cm의 정육면체의 깍두기 모양.

7) Concasse(콩카세) : 토마토를 0.5cm×0.5cm×0.5cm의 크기로 써는데 토마토가 둥글기 때문에 실제로 똑같은 모양을 유지하기가 힘들다.

8) Chateau(샤토) : 길이 6cm 정도로 잘라 달걀 모양으로 만드는데 6면을 잘

다듬어 일정한 각도로 휘어서 깎아야 한다.

9) Emence(slice)(에망세) : 채소를 얇게 저미는 것. 영어로는 Slice(슬라이스)라고 한다.

10) Hacher(chopping)(아세) : 채소를 곱게 다지는 것. 영어로는 Chopping(찹핑)이라고 한다.

11) Macedoine(마세도앙) : 가로·세로·높이를 1.2cm×1.2cm×1.2cm 크기로 썬 주사위 모양, 과일 샐러드 만들 때 사용한다.

12) Olivette(올리베트) : 길이 6cm 정도의 정육면체의 모양을 내어 위에서 아래로 훑어 깎아서 올리브 모양으로 만들어 다듬는 것을 말한다. 아래 위는 뾰족하고 가운데 모양은 둥글게 만든다.

13) Parisienne(파리지엔) : 야채나 과일을 둥근 구슬 모양으로 파내는 방법으로 파리지엔 나이프를 사용한다.

14) Printanier(Lozenge)(프랭타니에)(로진) : 두께 0.4cm, 가로·세로 1.2cm 정도의 다이아몬드형으로 써는 방법.

15) Pont Neuf(퐁 느프) : 0.6cm×0.6cm×6cm의 크기로 가늘고 긴 막대기 모양으로 French Fried Potatoes를 할 때 많이 사용한다.

16) Russe(뤼스) : 0.5cm×0.5cm×3cm 크기로 길이가 짧은 막대기형으로 써는 것.

17) Carrot Vichy(캐럿 비시) : 두께 0.7cm의 둥근 모양으로 썰어 가장자리를 비스듬하게 돌려 깎아 마치 비행접시 모양으로 만드는 것.

18) Mince(민스) : 고기나 야채를 곱게 다지거나 으깰 때 사용하는 조리 용어이다.

19) Roudelle(롱델) : 둥근 야채를 두께 0.4cm~1cm 정도로 자르는 것을 말
한다.

2. 식재료의 계량

계량단위

(한국) 1cup = 200cc(200㎖) = 13⅓ Table spoon

(미국) 1cup = 240cc(240㎖) = 16 Table spoon

1Table spoon = 1Ts = 15cc = 3tea spoon

1tea spoon = 1ts = 5cc

온도계산법

섭씨 (℃ : centigrade)

화씨 (℉ : Fahrenheit)

섭씨를 화씨로 고치는 공식 → ℉ = 9/5℃ + 32

화씨를 섭씨로 고치는 공식 → ℃ = 5/9(℉ − 32)

3. 기본 조리법

1) **삶기(Boiling)** : 식재료를 액체나 100℃의 물에 넣고 끓이는 방법.

2) **데치기(Blanching)** : 식재료를 많은 양의 끓는 물 또는 기름 속에 집어넣어 짧게 조리하는 방법.

3) **굽기(Broiling, Grilling)** : Broiling은 석쇠 위에서 직접 불에 쬐어 굽는 방법이고, Grilling은 가열된 금속의 표면에서 간접적으로 불에 굽는 방법이다.

4) **베이킹(Baking)** : Oven 안에서 건조열로 굽는 방법으로 빵류, Tart류, Pie류, Cake류 등 빵집에서 많이 사용한다.

5) **찌기(Steaming)** : 수증기의 대류를 이용하는 방법으로 증기가 음식물을 둘러싸고 있으면서 열에너지로 음식을 익히는 방법이다.

6) **로스팅(Roasting)** : 서양요리를 만드는 대표적인 조리법으로 육류나 가금류 등을 통째로 오븐 속에 넣어 굽는 방법으로 뚜껑을 덮지 않은 채로 조리한다.

7) **브레이징(Braising)** : 건열조리와 습열조리가 혼합된 방법으로 연한 육류나 가금류를 고기 자체의 수분 또는 아주 적은 양의 수분을 첨가한 후 뚜껑을 덮어 오븐 속에서 은근히 익히는 방법. 우리나라의 찜과 비슷한 조리법으로 오븐에서 가열한다.

8) **포칭(Poaching)** : 달걀이나 단백질 식품 등을 비등점 이하의 온도(70~80℃)에서 끓고 있는 물, 혹은 액체 속에 담가 익히는 방법인데 낮은 온도에서 조리함으로써 단백질 식품의 건조하고 딱딱해짐을 방지하고 부드러움을 살리는 데 있다.

9) 스튜(Stewing) : 한국의 찌개와 비슷한 조리방법인데 고기나 채소 등을 큼직하게 썰어 버터에 볶다가 브라운 소스를 넣고 충분히 끓여 걸쭉하게 하는 조리이다.

10) 볶음(Sauteing) : 얇은 Saute pan이나 Fry pan에 소량의 버터 혹은 샐러드오일을 넣고 잘게 썬 고기 등을 200℃ 정도의 고온에서 살짝 볶는 방법이다.

11) 조림(Glazing) : 설탕이나 버터, 육즙 등을 농축시켜 음식에 코팅시키는 조리방법이다.

12) 튀기기(Frying) : 식용유에 음식물을 튀기는 방법이다. 튀김 온도는 수분이 많은 채소일수록 비교적 저온으로 하며, 생선류, 육류의 순으로 고온 처리한다.

13) 갈기(Blending) : 채소나 과일 또는 소스를 만들 때 믹서기를 이용하여 갈아주는 방법이다.

14) 심머링(Simmering) : 낮은 온도에서 장시간 끓이는 조리법으로 식재료의 영양분을 용출시키는 데 가장 효과적인 방법이다. 소스나 스톡을 만들 때 사용한다.

15) 휘핑(Whipping) : 거품기를 사용하여 한쪽 방향으로 빠르게 저어서 거품을 내어 공기를 함유하게 하는 것으로 계란 흰자거품을 내는 데 사용하는 방법이다.

16) Gratinating(Gratiner) : 요리할 음식 위에 버터, 치즈, 계란, 소스 등을 올려서 사라만다 or 브로일러를 이용하여 굽는 방법이다. 250℃~300℃가 적당하다. 그라탱요리, 파스타, 생선요리 등을 만든다.

17) 마이크로웨이브 쿠킹(Microwave cooking) : 초단파 전자오븐으로 고열을 이용하여 짧은 시간에 조리하는 방법이다. 진공 포장한 요리를 먹기 전에 데우는 방법이다.

4. 테이블세팅(Table Setting)

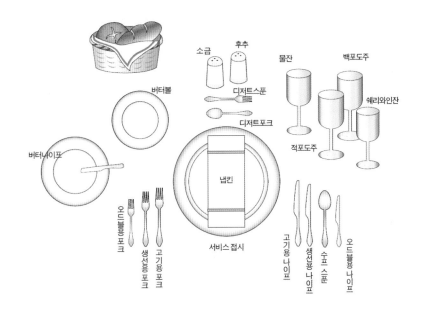

5. 서양요리의 식사순서에 따른 예절

1) 식사 전의 술(Aperitif)

식사 전에 식욕을 돋우는 반주를 Aperitif(아페리티프)라 하는데 주로 쉐리와인(Sherry Wine)과 드라이 버무스(Dry Vermouth)를 사용한다.

2) 오르되브르(Hors d'oeuvre)=Appetizer=전채요리

오드블은 식전 식욕을 촉진하는 요리로서 카나페(Canape), 훈제요리, 철갑
상어 알, 거위간(Foie gras) 등을 기본으로 하는 약간 자극적인 것이 좋다.

3) 수프(Potage)와 빵(Bread)

식탁의 맨 오른쪽에 있는 수프 스푼으로 먹는데 소리나지 않게 먹으며, 예
전에는 가운데가 약간 들어간 접시 종류를 사용하였으나 근래에는 볼(Bowl)
을 더 많이 사용한다. 빵은 미리 제공되기도 하고 수프 뒤에 제공되기도 하
는데 주요리와 같이 먹는다. 빵은 손으로 떼어서 버터나 잼을 발라 먹는다.

4) 생선요리(Poisson : Fish)

생선요리를 먹을 때는 포크와 나이프를 사용하는데, 생선은 뒤집지 말고 살
만 발라 먹도록 하고, 잔뼈가 입에 들어갈 경우는 한 손으로 살짝 가리고 다
른 손으로 뼈만 빼내어 접시에 올려놓는다. 생선요리에는 백포도주가 어울
린다.

5) 주요리(Main Course : 육류)와 샐러드

육류요리는 중심이 되는 요리로 주로 소고기를 사용한 스테이크가 제공된
다. 스테이크의 경우 안심과 등심을 많이 사용하는데, 굽는 정도에 따라 표
면만 살짝 굽는 Rare(레어)부터 Medium rare(미디엄레어), Medium(미디
엄) 그리고 완전히 익히는 Welldone(웰던)이 있다. 샐러드는 샐러드 드레싱
을 얹어서 포크를 사용하여 육류를 먹는 동안 간간이 먹으면 된다.

6) 디저트(Dessert : 후식)

식사 후에 나오는 아이스크림, 파이, 푸딩, 케이크 등이다. 과일은 디저트 후
에 나오며, 과일용 나이프와 포크를 사용한다.

7) 데미타스(Demitasse : 커피)

정찬의 마지막 순서는 데미타스다. 이것은 작은 커피 잔이며 이 커피 잔은
보통 잔의 1/2정도밖에 되지 않는 것을 사용한다. 그 외 음료로는 홍차나 녹
차를 낼 수도 있다.

6. 허브와 향신료

향신료(Spice)는 요리의 맛, 향, 색을 내기 위해서 사용하는 식물의 종자, 과실, 꽃, 잎, 껍질, 뿌리 등에서 얻은 식물의 일부분이다. 특유의 향미로 식품의 향미를 북돋우거나 아름다운 색을 나타내어 식욕을 증진시키거나 소화기능을 조장하는 것이라 하지만 나라 또는 민족의 식생활에 따라서 그 범위와 종류, 분류는 다르게 되어 있다.

향신료는 크게 Spice와 Herb로 나눌 수 있지만 Herb는 Spice 안에 포함되는 개념으로서 사용하는 부위에 따라 Spice와 Herb로 나눌 수 있다. Spice는 방향성 식물의 뿌리, 줄기, 껍질, 씨앗 등 딱딱한 부분으로 비교적 향이 강하며, Herb는 잎이나 꽃잎 등 비교적 연한 부분으로 Spice와 Herb를 구별하기도 한다.

1) Herbs(허브) : 주로 방향식물의 잎과 가지를 신선한 형태로 사용하거나 혹은 말린 형태로 사용한다.

2) Spices(스파이스) : 방향성 열대식물의 열매, 종자, 싹, 줄기, 뿌리, 껍질 등을 이용하는데 보관 도중 방향을 잃기 쉽다.

❏ Herb의 종류(leaves)

❶ Basil(바질) : 원산지는 동아시아이고 민트과에 속하는 1년생 식물로 이탈리아와 프랑스요리에 많이 사용한다. 주로 토마토요리나 생선요리에 사용한다.

❷ Sage(세이지) : 만병통치약으로 널리 알려져 있으며 풍미가 강하고 약간 쌉쌀한 맛이 난다. 육류, 가금류, 내장요리, 소스 등에 사용한다.

❸ Chervil(처빌) : 미나릿과의 한해살이풀로 유럽과 서아시아가 원산지인 허브의 하나. 주로 샐러드, 생선요리, 가니시, 수프, 소스 등에 사용한다.

❹ Thyme(타임) : 강한 향기가 있으며 향이 멀리까지 간다고 해서 백리향이라고도 한다. 육류, 가금류, 소스, 가니시 등 광범위하게 사용된다.

❺ Coriander Silantro(코리앤더 & 실란트로) : 미나릿과의 한해살이풀로 지중해 연안 여러 나라에 자생하고 있다. 고수풀 또는 차이니스 파슬리라고 하기도 하고 코리앤더의 잎과 줄기만을 가리켜 실란트로(Silantro)라 지칭하기도 한다. 중국, 베트남, 특히 태국음식에 많이 사용된다. 샐러드, 국수양념, 육류, 생선, 가금류, 소스, 가니시 등에 사용한다.

❻ Mint(민트) : 지중해 연안의 다년초이며 전 유럽에서 재배된다. 육류, 리큐르, 빵, 과자, 음료, 양고기 요리에 많이 사용된다.

❼ Oregano(오레가노) : 독특한 향과 맛은 토마토와 잘 어울리므로 토마토를 이용한 요리, 특히 피자에는 빼놓을 수 없는 향신료다.

❽ Marjoram(마조람) : 지중해 연안이 원산지이다. 추위에 약해 한국에서는 한해살이풀로 다룬다. 순하고 단맛을 가졌으며 오레가노와 비슷하다. 양고기나 송아지고기, 각종 야채음식에 사용된다. 수프, 스튜, 소스, 닭, 칠면조, 양고기 등에 사용한다.

❾ Parsley(파슬리) : 독특한 향이 있으며 비타민 A와 C, 칼슘, 철분이 들어 있다. 채소, 수프, 소스, 가니시, 육류와 생선요리 등에 사용한다.

❿ Tarragon(타라곤) : 시베리아가 원산지이며 쑥의 일종이다. 초에 넣어서 tarragon vinegar라고 하여 달팽이 요리에 사용한다. 소스나 샐러드, 수프, 생선요리, 비니거, 버터, 오일, 피클 등을 만들 때 사용한다.

⓫ Lemon Balm(레몬밤) : 레몬과 유사한 향이 있으며, 향이 달고 진하여 별이 모여든다 하여 '비밤'이란 애칭을 가지고 있다. 용도로는 샐러드, 수프, 소스, 오믈렛, 생선요리, 육류요리 등에 사용한다.

❷ Rosemary(로즈메리) : 솔잎을 닮은 은녹색의 큰 잡목의 잎으로 보라색 꽃을 피운다. 강한 향기와 살균력을 가지고 있다. 이 꽃에서 얻은 벌꿀은 프랑스의 특산품으로 최고의 꿀로 인정받고 있다. 용도로는 스튜, 수프, 소시지, 비스킷, 잼, 육류, 가금류 등에 사용한다.

❸ Lavender(라벤더) : 지중해 연안이 원산지이다. 꽃, 잎, 줄기를 덮고 있는 털들 사이에 향기가 나오는 기름샘이 있다. 꽃과 식물체에서 향유를 채취하기 위하여 재배하고 관상용으로도 심는다. 향료식초, 간질병, 현기증 환자약, 목욕재 등에 사용한다.

❹ Bay Leaf(월계수잎) : 이탈리아에서 많이 생산되며 프랑스, 유고연방, 그리스, 터키, 멕시코를 중심으로 자생한다. 월계수잎은 생잎을 그대로 건조하여 향신료로 사용한다. 생잎은 약간 쓴맛이 있지만 건조하면 단맛과 함께 향긋한 향이 나기 때문에 그리스인이나 로마인들 사이에서 영광, 축전, 승리의 상징이 있다. 육류 절임, 스톡, 가금류, 생선요리에 사용한다.

❺ Dill(딜) : 딜은 신약성서에 나올 정도로 오랜 역사를 가진 허브이다. 딜의 정유는 비누향료로 잎, 줄기를 잘게 썰어서 생선요리에 쓴다. 주로 생선 절임, 드레싱에 많이 사용한다.

Part **2** NCS

양식 조리
학습모듈

양식
스톡 조리

학습내용	평가항목	성취수준		
		상	중	하
스톡 재료 준비	조리에 필요한 부케가르니(Bouquet garni)를 준비할 수 있다.			
	스톡의 종류에 따라 미르포아(Mirepoix)를 준비할 수 있다.			
	육류, 어패류의 뼈를 찬물에 담가 핏물을 제거할 수 있다.			
	브라운 스톡의 조리에 필요한 뼈와 부속물을 오븐에 구워서 준비할 수 있다.			
스톡 조리	찬물에 재료를 넣고 서서히 끓일 수 있다.			
	끓이는 과정에서 불순물이나 기름이 위로 떠오르면 걷어낼 수 있다.			
	적절한 시간에 미르포아와 향신료를 첨가할 수 있다.			
	지정된 맛, 향, 농도, 색이 될 때까지 조리할 수 있다.			
스톡 완성	조리된 스톡에 불순물이 섞이지 않게 걸러낼 수 있다.			
	마무리된 스톡의 색, 맛, 투명감, 풍미, 온도를 통해 스톡의 품질을 평가할 수 있다.			
	스톡을 용도에 맞게 풍미와 질감을 갖도록 완성할 수 있다.			

🍽 학습자 결과물

 시험시간 30분

Brown Stock
브라운 스톡

요구사항

※ 주어진 재료를 사용하여 다음과 같이 브라운 스톡을 만드시오.

① 스톡은 맑고 갈색이 되도록 하시오.

② 소뼈는 찬물에 담가 핏물을 제거한 후 구워서 사용하시오.

③ 당근, 양파, 셀러리는 얇게 썬 후 볶아서 사용하시오.

④ 완성된 스톡은 200mL 이상 제출하시오.

지급재료

- 소뼈 150g(2~3cm, 자른 것)
- 양파(중, 150g) 1/2개
- 당근 40g(둥근 모양이 유지되게 등분)
- 셀러리 30g
- 검은통후추 4개
- 토마토(중, 150g) 1개
- 파슬리(잎, 줄기 포함) 1줄기
- 월계수잎 1잎
- 정향 1개
- 버터(무염) 5g
- 식용유 50mL
- 면실 30cm
- 타임(fresh, 2g 정도) 1줄기
- 다시백 1개 (10cm×12cm)

만드는 법

❶ 소뼈는 찬물에 담가 핏물을 뺀 후 끓는 물에 데쳐 달구어진 팬에 갈색으
로 굽는다.

❷ 토마토는 칼집 넣어 끓는 물에 데쳐 껍질과 씨를 제거한 후 굵게 다진다.

❸ 양파, 당근, 셀러리는 곱게 채 썬다.

❹ 다시백에 모든 향신료(파슬리 줄기, 월계수잎, 타임, 정향, 검은 통후추)
를 넣고 내용물이 빠져나오지 않도록 면실로 묶어 사세 데피스(Sachet
d'epice)를 만든다.

❺ 팬에 버터를 두르고 양파, 당근, 셀러리 순서로 넣어 갈색이 나게 볶은 후
토마토를 넣어 볶는다.

❻ 볶은 채소에 구워둔 소뼈, 물 3컵, 사세 데피스를 넣고 불순물을 제거하면서
은근하게 끓여, 갈색이 나고 맑은 스톡이 되면, 거즈에 거른다.

❼ 완성 그릇에 200mL 이상 담는다.

Tip

• 브라운 스톡은 갈색 육수의 한 종류로 뼈나 채소들을 오븐에서 갈색으로 구워 끓이지만, 시험장
에서는 팬에 굽거나 볶아서 사용한다.

• 사세 데피스(Sachet d'epice)는 다시백에 파슬리 줄기, 월계수, 타임, 정향, 통후추 등을 넣어 묶
은 향신료 주머니로 소스나 스톡에 사용한다.

• 스톡이므로 소금 간을 하지 않는다.

Memo

양식
전채 · 샐러드 조리

학습내용	평가항목	성취수준		
		상	중	하
전채 · 샐러드 콘디멘트 준비	전채 · 샐러드를 조리하기 위해 적합한 콘디멘트(Condiments)를 준비할 수 있다.			
전채 · 샐러드 준비	전채 · 샐러드 메뉴 구성을 고려한 재료를 준비할 수 있다.			
	재료를 용도와 특성에 맞게 전처리할 수 있다.			
	전채 · 샐러드 조리에 필요한 드레싱과 소스를 준비할 수 있다.			
	메뉴에 맞는 전채 · 샐러드 조리에 필요한 조리법을 숙지할 수 있다.			
	전채 · 샐러드 조리에 필요한 조리도구(Kitchen utensil)를 준비할 수 있다.			
전채 · 샐러드 조리	메뉴에 맞는 주재료를 사용하여 전채 · 샐러드를 조리할 수 있다.			
	식초, 기름, 유화식품을 사용하여 안정된 상태의 드레싱을 만들 수 있다.			
	육류, 어패류, 채소류, 곡류는 따로 익혀서 조리할 수 있다.			
	채소류, 허브, 향신료, 콘디멘트(Condiments)를 적절하게 사용할 수 있다.			
	필요한 경우 드레싱에 버무리기 전 시즈닝할 수 있다.			
전채 · 샐러드 요리 제공	요리에 알맞은 온도로 접시를 준비할 수 있다.			
	색과 모양 그리고 여백을 살려 접시에 담을 수 있다.			
	허브와 향신료, 콘디멘트(Condiment)를 적절하게 선택하여 첨가할 수 있다.			
	드레싱이나 소스를 얹거나 버무릴 수 있다.			
	메뉴에 따라 차갑게 제공할 수 있다.			
	필요한 접시, 도구, 핑거볼 등을 제공할 수 있다.			
전채 · 샐러드 요리 평가	마무리된 음식의 색, 맛, 풍미, 온도를 통해 음식의 품질을 평가할 수 있다.			

 학습자 결과물

Shrimp Canape
슈림프 카나페

요구사항

※ **주어진 재료를 사용하여 다음과 같이 슈림프 카나페를 만드시오.**

❶ 새우는 내장을 제거한 후 미르포아(Mirepoix)를 넣고 삶아서 껍질을 제거하시오.

❷ 달걀은 완숙으로 삶아 사용하시오.

❸ 식빵은 지름 4cm의 원형으로 하고, 슈림프 카나페는 4개 제출하시오.

지급재료

- 새우 4마리(30~40g)
- 식빵(샌드위치용) 1조각 (제조일로부터 하루 경과한 것)
- 달걀 1개
- 파슬리(잎, 줄기 포함) 1줄기
- 버터(무염) 30g
- 토마토케첩 10g
- 소금(정제염) 5g
- 흰후춧가루 2g
- 레몬 1/8개(길이(장축)로 등분)
- 이쑤시개 1개
- 당근 15g(둥근 모양이 유지되게 등분)
- 셀러리 15g
- 양파(중, 150g) 1/8개

만드는 법

❶ 파슬리는 물에 담그고 양파, 당근, 셀러리는 채 썰고 레몬은 즙을 짠다.

❷ 냄비에 달걀, 물, 소금을 넣어 기포가 올라오기 시작하면 노른자가 중앙에 자리 잡도록 달걀을 돌려주다가 물이 끓으면 뚜껑 덮고 12~13분 정도 더 삶아 완숙한다. 삶은 달걀을 찬물에 담가 식혀서 껍데기를 벗기고 5mm 두께로 자른다.

❸ 식빵은 가장자리를 정리하여 4등분하고 4cm 정도 원형으로 다듬은 후 앞, 뒤로 노릇하게 구워 한쪽 면에 버터를 바른다.

❹ 새우는 씻어 내장을 제거한다.

❺ 냄비에 물을 붓고 미르푸아(양파, 당근, 셀러리, 레몬껍질, 파슬리 줄기 등)를 넣어 끓으면 새우를 삶은 다음 식혀서 껍질을 벗긴다.

❻ 새우는 상태나 크기에 따라 통째로, 혹은 반으로 갈라 겹치거나, 등쪽에만 칼집 넣어 모양을 만들기도 한다.

❼ 토마토케첩, 소금, 흰후춧가루, 레몬즙을 넣어 소스를 만든다.

❽ 버터 바른 식빵 위에 달걀, 새우, 케첩소스, 파슬리잎 순서로 올린다.

❾ 완성 그릇에 4개를 담고 남은 파슬리는 장식한다.

Tip

- 카나페는 식전에 식욕을 돋우기 위한 애피타이저(Appetizer)이지만 스페인의 타파스(Tapas)처럼 칵테일 파티의 간단한 술안주로도 사용된다.
- 새우는 등쪽 둘째와 셋째 마디 사이에 꼬치를 찔러 내장을 제거하고 머리째 삶으면 모양이 둥글게 나온다.
- 미르푸아는 양파, 당근, 셀러리를 2:1:1 비율로 섞은 것이 향미가 좋다.

Memo

French Fried Shrimp
프렌치 프라이드 슈림프

요구사항

※ **주어진 재료를 사용하여 다음과 같이 프렌치 프라이드 슈림프를 만드시오.**

❶ 새우는 꼬리 쪽에서 1마디 정도 껍질을 남겨 구부러지지 않게 튀기시오.

❷ 달걀흰자를 분리하여 거품을 내어 튀김반죽에 사용하시오.

❸ 새우튀김은 4개를 제출하시오.

❹ 레몬과 파슬리를 곁들이시오.

지급재료

• 새우 4마리(50~60g)
• 밀가루(중력분) 80g
• 백설탕 2g
• 달걀 1개
• 소금(정제염) 2g
• 흰후춧가루 2g
• 식용유 500mL
• 레몬(길이(장축)로 등분) 1/6개
• 파슬리(잎, 줄기 포함) 1줄기
• 냅킨(흰색, 기름제거용) 2장
• 이쑤시개 1개

만드는 법

❶ 파슬리는 찬물에 담가두고, 새우는 냉동일 경우 찬물에 담가 해동한다.

❷ 새우는 머리와 내장, 꼬리의 물주머니를 제거하고 소금물에 씻어 꼬리 한 마디만 남기고 껍질을 제거한 뒤, 배쪽에 3~4회 사선으로 칼집 넣어 소금 과 흰후춧가루로 간을 한다.

❸ 볼에 달걀흰자를 넣고 거품을 쳐서 머랭을 만든다.

❹ 달걀노른자, 물 2큰술, 소금, 설탕 1/2작은술을 잘 섞고 밀가루 3큰술을 넣 어 가볍게 저은 후, 머랭을 섞어가며 농도를 조절하여 튀김옷을 만든다.

❺ 새우에 밀가루를 묻혔다가 털어내고, 튀김옷을 입혀 160~170℃의 온도에 서 황금색이 나게 튀겨 기름을 제거한다.

❻ 접시에 새우튀김 4마리를 꼬리 쪽을 모아서 담고, 레몬과 파슬리로 장식 한다.

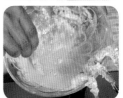

Tip

• 새우 꼬리 끝부분을 살짝 긁어주면 튀겼을 때 붉은색이 진해진다.

• 반죽을 고루 묻히지 않으면 새우 모양이 매끈하게 나오지 않는다.

• 튀김은 기름 속에서 90% 색을 내면 나머지 10% 색은 여열로 낸다.

Memo

Tuna Tartar
참치 타르타르

요구사항

※ **주어진 재료를 사용하여 다음과 같이 참치 타르타르를 만드시오.**

❶ 참치는 꽃소금을 사용하여 해동하고, 3~4mm의 작은 주사위 모양으로 썰어 양파, 그린올리브, 케이퍼, 처빌 등을 이용하여 타르타르를 만드시오.

❷ 채소를 이용하여 샐러드 부케를 만들어 곁들이시오.

❸ 참치타르타르는 테이블스푼 2개를 사용하여 퀜넬(quenelle) 형태로 3개를 만드시오.

❹ 채소 비네그레트는 양파 붉은색과 노란색의 파프리카, 오이를 가로세로 2mm의 작은 주사위 모양으로 썰어서 사용하고 파슬리와 딜은 다져서 사용하시오.

지급재료

- 붉은색 참치살 80g(냉동지급)
- 양파(중, 150g) 1/8개
- 그린올리브 2개
- 케이퍼 5개
- 올리브오일 25mL
- 레몬 1/4개(길이(장축)로 등분)
- 핫소스 5mL
- 처빌 2줄기(fresh)
- 꽃소금 5g
- 흰후춧가루 3g
- 차이브 5줄기(fresh, 실파로 대체 가능)
- 롤로 로사(lollo rossa) 2잎[꽃(적)상추로 대체 가능]
- 그린치커리 2줄기(fresh)
- 붉은색 파프리카(길이 5~6cm, 150g) 1/4개
- 노란색 파프리카(길이 5~6cm, 150g) 1/8개
- 오이(가늘고 곧은 것, 20cm, 길이로 반을 갈라 10등분) 1/10개
- 파슬리(잎, 줄기 포함) 1줄기
- 딜 3줄기(fresh)
- 식초 10mL

※ **지참준비물 추가**
- 테이블스푼 2개(퀜넬용, 머리 부분 가로 6cm, 세로(폭) 3.5~4cm)

만드는 법

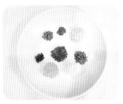

❶ 냉동 참치는 연한 소금물에 담가 해동 후 거즈에 싸서 수분을 제거한다.

❷ 채소는 씻어 찬물에 담그고, 레몬은 즙을 짜고, 차이브 2~3줄기는 끓는 소금
물에 데쳐 부케 묶을 끈을 준비한다.

❸ 파프리카(붉은색, 노란색), 지급된 양파의 1/2, 오이 껍질 부분은 2mm 정도의
작은 주사위 모양으로 썰고, 파슬리와 딜은 다진다.

❹ 비네그레트 드레싱 : 올리브오일 1큰술, 레몬즙 1/2작은술, 식초 1작은술,
소금, 흰후춧가루를 충분히 섞어주고, ③의 파프리카, 양파, 오이, 파슬리, 딜
을 혼합한다.

❺ 샐러드 부케 : 롤로 로사에 치커리, 차이브, 길이로 얇게 채 썬 파프리카, 처
빌, 딜을 함께 말아서 데친 차이브로 묶어 부케를 만든 다음 오이토막의 속
을 파내고 끼운다.

❻ 참치 타르타르

　1) 남은 양파, 그린올리브, 처빌은 곱게 다지고 케이퍼는 반으로 자르고 참치
　　는 3~4mm 주사위 모양으로 썬다.

　2) 참치에 양파, 그린올리브, 처빌, 케이퍼, 레몬즙, 올리브오일 1작은술, 핫소스 1/2작은술, 소금, 후추를
　　섞은 후 퀜넬(quenelle) 스푼 2개를 이용하여 퀜넬 형태의 참치 타르타르 3개를 만든다.

❼ 완성 접시에 샐러드 부케와 참치 타르타르 3개를 보기 좋게 담고 참치 주변에 비네그레트 소스를 뿌
려 마무리한다.

Tip

· 참치의 해동시간이 길어지면 썰 때 으깨진다.
· 참치살은 미리 양념해두면 참치의 색이 변하므로 담기 직전에 섞어 퀜넬(quenelle) 형태를 만
든다.
· 비네그레트 드레싱을 충분히 젓지 않으면 올리브오일이 분리된다.

Memo

Waldorf Salad
월도프 샐러드

요구사항

※ 주어진 재료를 사용하여 다음과 같이 월도프 샐러드를 만드시오.

❶ 사과, 셀러리, 호두알을 사방 1cm의 크기로 써시오.

❷ 사과의 껍질을 벗겨 변색되지 않게 하고, 호두알의 속껍질을 벗겨 사용하시오.

❸ 상추 위에 월도프샐러드를 담아내시오.

지급재료

- 사과(200~250g) 1개
- 셀러리 30g
- 호두(중, 겉껍질 제거한 것) 2개
- 레몬 1/4개(길이(장축)로 등분)
- 소금(정제염) 2g
- 흰후춧가루 1g
- 양상추 20g(2잎, 잎상추로 대체 가능)
- 마요네즈 60g
- 이쑤시개 1개

만드는 법

❶ 양상추는 물에 담가 싱싱하게 한다.

❷ 호두는 미지근한 물에 불린 후 이쑤시개로 속껍질을 제거하고 1cm 정도
로 자른다.

❸ 레몬은 막과 씨를 제거하고 레몬즙을 짠다.

❹ 사과는 껍질과 씨를 제거하고 1cm 정육면체로 썰어 변색되지 않게 레몬
즙 탄 물에 담가 둔다.

❺ 셀러리는 섬유질을 제거하고 1cm로 자른다.

❻ 마요네즈에 소금과 흰후춧가루로 간을 하고 물기 뺀 사과와 셀러리를 넣고
섞어 마요네즈가 흘러내리지 않게 버무린다.

❼ 완성 접시에 양상추를 깔고 샐러드를 담고 그 위에 호두를 얹어 완성한다.
(호두를 버무려도 가능)

Tip

• 호두는 미지근한 물에 불려야 껍질이 잘 벗겨진다.
• 재료마다 물기를 잘 빼야 마요네즈를 버무리면 물이 생기지 않는다.
• 샐러드는 만들어 시간이 지나면 변색되고 물이 생기므로 제출하기 전에 버무린다.

Memo

Potato Salad
포테이토 샐러드

요구사항

※ **주어진 재료를 사용하여 다음과 같이 포테이토 샐러드를 만드시오.**

❶ 감자는 껍질을 벗긴 후 1cm의 정육면체로 썰어서 삶으시오.

❷ 양파는 곱게 다져 매운맛을 제거하시오.

❸ 파슬리는 다져서 사용하시오.

지급재료

- 감자(150g) 1개
- 양파(중, 150g) 1/6개
- 파슬리(잎, 줄기 포함) 1줄기
- 소금(정제염) 5g
- 흰후춧가루 1g
- 마요네즈 50g

만드는 법

❶ 감자는 껍질을 벗기고 1cm 정육면체로 일정하게 썰어 찬물에 담갔다가 소금 약간 넣고 잘 삶아 체에 밭쳐 식힌다.

❷ 양파는 곱게 다져 물에 헹궈 매운맛을 제거하고 물기를 짠다.

❸ 파슬리는 곱게 다져 거즈에 싸서 흐르는 물에 헹궈 녹즙 제거 후 보슬보슬한 가루가 되게 한다.

❹ 감자, 양파, 마요네즈, 소금, 흰후춧가루, 파슬리를 넣어 뭉치지 않고 마요네즈가 흘러내리지 않게 골고루 섞는다.

❺ 완성 그릇에 소복이 담는다.

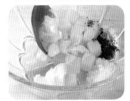

> **Tip**

- 감자 삶을 때 물이 너무 적으면 서로 부딪쳐서 깨지기 쉬우므로 감자가 충분히 잠길 만큼 물의 양을 넉넉히 잡는다.
- 감자는 삶은 후 체에 밭쳐 완전히 식혀 제출 직전에 버무려야 마요네즈가 기름으로 분리되지 않고 작품 상태가 좋다.
- 파슬리는 흐르는 물에 녹즙을 충분히 제거해야 마요네즈에 버무릴 때 푸른색이 묻어나지 않는다.

> **Memo**

Thousand Island Dressing
사우전 아일랜드 드레싱

요구사항

※ 주어진 재료를 사용하여 다음과 같이 사우전 아일랜드 드레싱을 만드시오.

❶ 드레싱은 핑크빛이 되도록 하시오.

❷ 다지는 재료는 0.2cm 크기로 하시오.

❸ 드레싱은 농도를 잘 맞추어 100mL 이상 제출하시오.

지급재료

- 마요네즈 70g
- 토마토케첩 20g
- 오이피클(개당 25~30g) 1/2개
- 양파(중, 150g) 1/6개
- 소금(정제염) 2g
- 흰후춧가루 1g
- 레몬 1/4개(길이(장축)로 등분)
- 달걀 1개
- 청피망(중, 75g) 1/4개
- 식초 10mL

만드는 법

❶ 냄비에 달걀, 물, 소금을 넣고 끓으면 중불에서 12~13분 삶아 완숙한다.

❷ 양파는 0.2cm 크기로 다져 소금물에 절였다가 물에 헹군 후 매운맛을 제
거하고 물기를 짠다.

❸ 청피망, 오이피클은 0.2cm 크기로 다져 수분을 제거한다.

❹ ①의 달걀이 식으면 흰자와 노른자를 0.2cm 크기로 다진다.

❺ 레몬은 막과 씨를 제거하고 즙을 짠다.

❻ 마요네즈 3큰술과 토마토케첩 1큰술을 섞어 핑크빛이 되면 소금, 흰후춧
가루, 양파, 청피망, 오이피클, 달걀을 골고루 섞고 식초와 레몬즙으로 농
도를 조절한다.

❼ 완성 그릇에 100mL 이상 담는다.

Tip

- 사우전 아일랜드 드레싱(Thousand Islands Dressing)은 마요네즈와 칠리소스나 토마토케첩을
넣고 양파, 셀러리, 피클, 올리브 피망, 삶은 달걀 등 많은 재료를 다져 넣어 샐러드에 얹으면 수
많은 섬처럼 보인다고 하여 붙여진 이름이다.
- 주로 채소 샐러드용으로 많이 사용되니 속 재료를 너무 많이 넣지 않도록 한다.
- 드레싱의 색은 핑크빛이 나야 하므로 마요네즈와 토마토케첩은 3 : 1의 비율로 섞는다.

Memo

Seafood Salad
해산물 샐러드

요구사항

※ **주어진 재료를 사용하여 다음과 같이 해산물 샐러드를 만드시오.**

❶ 미르푸아(mirepoix), 향신료, 레몬을 이용하여 쿠르부용(court bouillon)을 만드시오.

❷ 해산물은 손질하여 쿠르부용에 데쳐 사용하시오.

❸ 샐러드 채소는 깨끗이 손질하여 싱싱하게 하시오.

❹ 레몬 비네그레트는 양파, 레몬즙, 올리브오일 등을 사용하여 만드시오.

지급재료

- 새우(30~40g) 3마리
- 관자살(개당 50~60g) 1개(해동지급)
- 피홍합(길이 7cm 이상) 3개
- 중합(지름 3cm, 모시조개, 백합 등 대체 가능) 3개
- 양파(중, 150g) 1/4개
- 마늘(중, 깐 것)1쪽
- 실파 1뿌리(20g)
- 그린치커리 2줄기
- 양상추 10g
- 올리브오일 20mL
- 식초 10mL
- 롤로 로사(lollo Rossa) 2잎 [꽃(적)상추로 대체 가능]
- 레몬 1/4개(길이(장축)로 등분)
- 딜 2줄기(fresh)
- 월계수잎 1잎
- 셀러리 10g
- 흰통후추 3개(검은통후추 대체 가능)
- 소금(정제염) 5g
- 흰후춧가루 5g
- 당근 15g(둥근 모양이 유지되게 등분)

만드는 법

❶ 샐러드 채소는 찬물에 담가 놓고, 조개류는 소금물에 담가 해감한다.

❷ 관자는 막을 벗기고 3~4조각으로 슬라이스 하고, 새우는 내장을 제거한다.
해감한 조개류와 홍합은 깨끗이 씻는다.

❸ 냄비에 물 2컵을 붓고 미르푸아(양파 일부, 당근, 셀러리는 채 썰어 준비),
마늘, 실파, 딜 줄기, 레몬, 월계수잎 통후추를 넣어 끓여 쿠르부용(Court
Bouillon)을 만든다.

❹ 냄비에 쿠르부용이 끓으면, 먼저 관자, 새우, 중합, 피홍합 순으로 삶는다.

❺ 새우는 머리와 껍질을 제거하고, 홍합과 중합은 껍데기를 제거한다.

❻ 물에 담가 둔 양상추, 롤로 로사(Lollo rossa), 치커리는 물기를 제거하고 손
으로 뜯어 완성 접시에 담아 둔다.

❼ 남은 양파는 다져서 물에 헹군 후 물기를 제거하고, 딜은 송송 썰고, 마늘
은 다지고, 남은 레몬은 즙을 짠다.(딜은 장식해도 된다)

❽ 올리브오일 1큰술, 식초 2작은술, 레몬즙 1작은술, 소금, 흰후춧가루를 섞
어 유화되면 ⑦의 다진 양파, 딜, 마늘을 섞어 레몬 비네그레트 드레싱을
만든다.

❾ 채소 접시 위에 해산물을 골고루 보기 좋게 얹고 레몬 비네그레트를 뿌려
완성한다.

Tip

- 비네그레트는 프랑스의 대표적인 소스로 차가운 유화소스이다. 오일과 레몬즙(식초)을 3 : 1로 섞
고 기호에 따라 안초비, 케이퍼, 코르니숑 피클, 샬롯, 허브, 머스터드, 양파, 다진 삶은 달걀 등
을 첨가하기도 한다.
- 쿠르부용은 물에 향신료, 식초, 백포도주, 채소 등을 넣고 끓인 국물로서 생선이나 육류요리에
이용된다.
- 데친 해산물은 찬물에 헹구지 않는다.

Memo

Caesar Salad
시저 샐러드

요구사항

※ 주어진 재료를 사용하여 다음과 같이 시저 샐러드를 만드시오.

❶ 마요네즈(100g 이상), 시저 드레싱(100g 이상), 시저 샐러드(전량)를 만들어 3가지를 각각 별도의 그릇에 담아 제출하시오.

❷ 마요네즈(mayonnaise)는 달걀 노른자, 카놀라오일, 레몬즙, 디존 머스터드, 화이트와인식초를 사용하여 만드시오.

❸ 시저 드레싱(caesar dressing)은 마요네즈, 마늘, 안초비, 검은후춧가루, 파르미지아노 레지아노, 올리브오일, 디존 머스터드, 레몬즙을 사용하여 만드시오.

❹ 파르미지아노 레지아노는 강판이나 채칼을 사용하시오.

❺ 시저 샐러드(caesar salad)는 로메인 상추, 곁들임[크루통(1cm×1cm), 구운 베이컨(폭 0.5cm), 파르미지아노 레지아노], 시저 드레싱을 사용하여 만드시오.

지급재료

- 달걀 60g 2개(상온에 보관한 것)
- 디존 머스터드 10g
- 레몬 1개
- 로메인 상추 50g
- 마늘 1쪽
- 베이컨(길이 25~30cm) 1조각
- 안초비 3개
- 올리브오일(extra virgin) 20mL
- 카놀라오일 300mL
- 식빵(슬라이스) 1쪽
- 검은후춧가루 5g
- 파르미지아노 레지아노 치즈 20g(덩어리)
- 화이트와인식초 20mL
- 소금 10g

만드는 법

❶ 로메인 상추는 깨끗이 씻어 찬물에 담갔다가 준비한 후 수분을 제거하여 먹기 좋은 크기로 썰어 놓는다.

❷ 마늘과 안초비는 다지고, 레몬은 막과 씨를 제거하여 레몬즙을 준비한다.

❸ 식빵은 1cm×1cm 정사각형으로 썰어 팬에 올리브오일을 두르고 갈색이 되도록 은근하게 볶아 크루통(crouton)을 만든다.

❹ 베이컨은 0.7cm 크기로 썬 다음 바삭하게 볶아 키친타월에 올려 기름을 뺀다.

❺ 파르미지아노 레지아노 치즈는 강판에 갈아 둔다.

❻ 마요네즈 만들기

   1) 볼에 노른자 2개를 넣고 카놀라오일을 조금씩 넣어가며 거품기로 분리되지 않게 잘 젓는다.

   2) 레몬즙과 화이트와인식초로 농도를 맞추고, 디존 머스터드 5g을 섞어 마요네즈를 완성한다.

   3) 그릇에 100g 정도 제출용으로 담아 둔다.

❼ 시저 드레싱 만들기

   1) 남은 마요네즈에 마늘, 안초비, 후춧가루, 파르미지아노 레지아노, 올리브오일 1~2큰술, 디존 머스터드 5g, 레몬즙, 소금 약간을 섞어 시저 드레싱을 만든다.

   2) 그릇에 100g 이상 담아 제출용으로 담아 둔다.

❽ 시저 샐러드 만들기

   1) 로메인 상추에 시저 드레싱으로 버무려 접시에 담는다.

   2) 1)의 위에 크루통, 베이컨, 파르미지아노 레지아노 치즈가루를 얹어 완성한다.

❾ 별도의 그릇에 준비해 둔 마요네즈, 시저 드레싱, 시저 샐러드 3가지를 함께 완성하여 제출한다.

Tip

• 제공되는 재료 중 디존 머스터드와 레몬즙은 마요네즈와 시저 드레싱에 사용하고 파르미지아노 레지아노 치즈는 시저 드레싱과 시저 샐러드에 사용한다.

• 마요네즈를 만들 때는 한쪽 방향으로 저어야 분리되지 않는다.

• 마요네즈, 시저 드레싱, 시저 샐러드를 모두 제출해야 한다.

양식
샌드위치 조리

학습내용	평가항목	성취수준		
		상	중	하
샌드위치 재료 준비	샌드위치의 종류에 따른 조직과 조각 모양을 갖는 빵을 준비할 수 있다.			
샌드위치의 스프레드 준비	샌드위치의 종류에 따라 스프레드 재료를 준비할 수 있다.			
샌드위치의 속 재료 준비	속 재료는 샌드위치 특성에 따라 준비할 수 있다.			
샌드위치의 가니시 준비	속 재료와 어울릴 수 있는 가니시 재료를 준비할 수 있다.			
샌드위치 작업 준비	모든 재료는 일의 흐름이 연결되도록 하여 들기 편한 위치에 놓을 수 있다.			
샌드위치 조리	샌드위치 종류에 따라 속 재료와 어울리는 가니시를 선택하고 만들 수 있다.			
	더운 샌드위치에 어울리는 스프레드를 구분하여 발라줄 수 있다.			
	찬 샌드위치에 어울리는 스프레드를 구분하여 발라 줄 수 있다.			
	스프레드를 바른 샌드위치에 속 재료와 가니시를 넣어 만들 수 있다.			
샌드위치 썰기와 담기	샌드위치 요리에 알맞은 온도로 접시를 준비할 수 있다.			
	샌드위치를 다양한 썰기 방법으로 썰 수 있다.			
	색과 모양 그리고 여백을 살려 접시에 담을 수 있다.			
	샌드위치에 적합한 양념류(Condiments)를 제공할 수 있다.			
샌드위치 평가	마무리된 음식의 색깔과 맛, 풍미, 온도를 통해 음식의 품질을 평가할 수 있다.			

 학습자 결과물

BLT Sandwich
BLT 샌드위치

시험시간 30분

요구사항

※ **주어진 재료를 사용하여 다음과 같이 BLT 샌드위치를 만드시오.**

❶ 빵은 구워서 사용하시오.

❷ 토마토는 0.5cm 두께로 썰고, 베이컨은 구워서 사용하시오.

❸ 완성품은 4조각으로 썰어 전량을 제출하시오.

지급재료

• 식빵(샌드위치용) 3조각
• 양상추 20g[꽃(적)상추로 대체 가능]
• 토마토(중, 150g) 1/2개 (둥근 모양이 되도록 잘라서 지급)
• 베이컨(길이 25~30cm) 2조각
• 마요네즈 30g
• 소금(정제염) 3g
• 검은후춧가루 1g

만드는 법

❶ 식빵은 기름 두르지 않은 팬에 올려 약한 불에서 노릇하게 구워 서로 겹치
   지 않도록 식힌다.

❷ 양상추는 씻은 후 물기를 빼고 평평하게 눌러 식빵 크기로 자른다.

❸ 토마토는 0.5cm 두께로 균일하게 슬라이스 한 후 소금, 후추를 살짝 뿌
   린다.

❹ 베이컨은 팬에 살짝 구워 키친타월에 기름기를 제거한다.

❺ 도마에 식빵 한 장을 놓고 위에 마요네즈를 바르고 그 위에 양상추, 베이컨
   을 올린다. 다시 그 위에 양면에 마요네즈 바른 식빵을 올리고 양상추, 토마
   토를 올린 다음 한 면에 마요네즈 바른 식빵을 덮어 모양을 잡는다.

❻ 샌드위치의 가장자리를 정리하여 정사각형이 되면, 모양이 흐트러지지 않
   도록 4등분으로 썰어 모든 재료가 보이도록 완성 접시에 담는다.

Tip

- 식빵은 기름을 두르지 않고 토스트 한다.
- 베이컨은 낮은 온도에서 구워야 구부러지지 않는다.
- 샌드위치를 썰 때 빵이 눌리지 않도록 가장자리를 잡고 4조각으로 썰어준다.

Memo

시험시간
30분

Hamburger Sandwich
햄버거 샌드위치

요구사항

※ 주어진 재료를 사용하여 다음과 같이 햄버거 샌드위치를 만드시오.

❶ 빵은 버터를 발라 구워서 사용하시오.

❷ 고기에 사용되는 양파, 셀러리는 다진 후 볶아서 사용하시오.

❸ 고기는 미디엄 웰던(medium well-done)으로 굽고, 구워진 고기의 두께는 1cm로 하시오.

❹ 토마토, 양파는 0.5cm 두께로 썰고 양상추는 빵 크기에 맞추시오.

❺ 샌드위치는 반으로 잘라내시오.

지급재료

• 셀러리 30g
• 버터(무염) 15g
• 소고기(살코기, 방심) 100g
• 양파(중, 150g) 1개
• 빵가루(마른 것) 30g
• 소금(정제염) 3g
• 검은후춧가루 1g
• 양상추 20g(2잎, 잎상추로 대체 가능)
• 햄버거 빵 1개
• 식용유 20mL
• 달걀 1개
• 토마토(중, 150g) 1/2개 (둥근 모양이 되도록 잘라서 지급)

만드는 법

❶ 양상추는 씻은 후 물기를 제거하고 눌러서 빵 크기로 자른다.

❷ 토마토와 양파는 0.5cm 두께로 동그랗게 썰어 소금, 후추를 약간 뿌린다.

❸ 빵에 버터를 바르고 약한 온도의 팬에서 타지 않게 돌려가며 구워 식힌다.

❹ 고기 패티 준비

  1) 양파와 섬유질 제거한 셀러리는 곱게 다진 후 기름을 두르지 않은 팬에 볶은 다음 접시에 펼쳐 수분을 날린다.

  2) 고기는 지방을 제거하고 곱게 다져 핏물을 제거한다.

  3) 다진 고기에 볶은 양파, 셀러리, 달걀물 1큰술, 빵가루 2~3큰술, 소금, 후춧가루를 넣어 끈기 나게 충분히 치댄다.

  4) 패티의 지름은 빵보다 1cm 크게, 두께는 0.8cm의 원형으로 만들어 식용유 두른 달군 팬에서 앞뒤로 갈색을 낸 후 약한 불에서 뚜껑을 덮고 미디엄 웰던으로 익힌다.

❺ 빵–양상추–고기 패티–양파–토마토–빵 순서로 포갠 후 모양을 잡아 반으로 자른다.

❻ 완성 접시에 자른 단면이 보이도록 담는다.

Tip

• 패티는 재료를 곱게 다져 끈기 나게 치대어야 익혔을 때 갈라지지 않고 매끈하다.

• 패티는 익으면 지름이 줄어들고 두께는 두꺼워지므로 빵 지름보다 조금 크고, 요구사항보다 얇게 만들어야 익혔을 때 알맞은 크기로 완성할 수 있다.

• 빵을 자를 때는 불에 달군 칼로 톱질하듯이 썬다.

Memo

양식
조식 조리

✏️ 학/습/평/가

학습내용	평가항목	성취수준		
		상	중	하
달걀요리 조리	달걀요리에 맞는 재료를 준비할 수 있다.			
	달걀 조리에 필요한 주방 도구(Kitchen utensil)를 준비할 수 있다.			
	달걀과 부재료를 사용하여 달걀요리의 종류에 맞게 조리할 수 있다.			
	메뉴의 조리법에 따라 알맞은 부재료를 사용하여 완성할 수 있다.			
	마무리된 음식의 색깔과 맛, 풍미, 온도를 통해 음식의 품질을 평가할 수 있다.			
조찬용 빵류 조리	조찬용 빵류 조리에 맞는 재료를 준비할 수 있다.			
	조찬용 빵류 조리에 필요한 주방 도구(Kitchen utensil)를 준비할 수 있다.			
	조찬용 빵 재료와 부재료를 사용하여 조찬용 빵의 종류에 맞게 조리할 수 있다.			
	메뉴의 조리법에 따라 알맞은 부재료를 사용하여 완성할 수 있다.			
	마무리된 음식의 색깔과 맛, 풍미, 온도를 통해 음식의 품질을 평가할 수 있다.			
시리얼류 조리	시리얼류 요리에 맞는 재료를 준비할 수 있다.			
	시리얼류 조리에 필요한 주방 도구(Kitchen utensil)를 준비할 수 있다.			
	시리얼류 부재료를 사용하여 시리얼류의 요리 종류에 맞게 조리할 수 있다.			
	시리얼류 조리법에 따라 알맞은 부재료를 사용하여 완성할 수 있다.			
	마무리된 음식의 색깔과 맛, 풍미, 온도를 통해 품질을 평가할 수 있다.			

 학습자 결과물

시험시간 30분

Spanish Omelet
스패니시 오믈렛

요구사항

※ 주어진 재료를 사용하여 다음과 같이 스패니시 오믈렛을 만드시오.

❶ 토마토, 양파, 청피망, 양송이, 베이컨은 0.5cm의 크기로 썰어 오믈렛 소를 만드시오.

❷ 소가 흘러나오지 않도록 하시오.

❸ 소를 넣어 나무젓가락과 팬을 이용하여 타원형으로 만드시오.

지급재료

- 토마토(중, 150g) 1/4개
- 양파(중, 150g) 1/6개
- 청피망(중, 75g) 1/6개
- 양송이(10g) 1개
- 베이컨(길이 25~30cm) 1/2조각
- 토마토케첩 20g
- 검은후춧가루 2g
- 소금(정제염) 5g
- 달걀 3개
- 식용유 20mL
- 버터(무염) 20g
- 생크림(동물성) 20mL

만드는 법

❶ 볼에 달걀 3개를 풀고 소금 간하여 체에 내린다.

❷ 체에 내린 달걀에 생크림 1큰술을 넣고 골고루 섞는다.

❸ 토마토는 끓는 물에 데쳐 껍질과 씨를 제거한다.

❹ 베이컨, 양파, 청피망, 껍질 벗긴 양송이, 토마토는 0.5cm 크기로 썬다.

❺ 팬에 버터를 두르고 베이컨을 볶다가 양파, 피망, 양송이, 토마토를 차례로 넣어 볶고 소금, 후춧가루로 간한 다음 토마토케첩 1큰술을 넣고 볶아 식힌다.

❻ 오믈렛 팬에 식용유와 버터를 두르고 달걀을 붓고 젓가락으로 저어 달걀이 반 정도 익으면 부드러운 스크램블드에그를 만들어 속 재료 1큰술을 넣고 통통한 타원형의 오믈렛을 만든다.

❼ 완성 접시에 보기 좋게 담는다.

Tip

• 스페인식 달걀 요리로 볶은 속 재료를 넣어 오믈렛 모양으로 만든 아침 식사의 일종이다.
• 완성품의 색은 나지 않고 부드럽고 매끄러워야 하며 속이 흘러나오지 않아야 한다.
  이때 오믈렛 속 재료에는 수분이 많지 않게 볶아야 한다.
• 오믈렛 팬은 지름 18cm 정도일 때 오믈렛 모양이 예쁘게 나온다.

Memo

Cheese Omelet
치즈 오믈렛

요구사항

※ **주어진 재료를 사용하여 다음과 같이 치즈 오믈렛을 만드시오.**

❶ 치즈는 사방 0.5cm로 자르시오.

❷ 치즈가 들어가 있는 것을 알 수 있도록 하고, 익지 않은 달걀이 흐르지 않도록 만드시오.

❸ 나무젓가락과 팬을 이용하여 타원형으로 만드시오.

지급재료

• 달걀 3개
• 치즈(가로, 세로 8cm) 1장
• 버터(무염) 30g
• 식용유 20mL
• 생크림(동물성) 20mL
• 소금(정제염) 2g

만드는 법

❶ 볼에 달걀 3개를 풀고 소금 간하여 체에 내린다.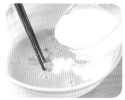

❷ 체에 내린 달걀에 생크림 1큰술을 넣고 골고루 섞는다.

❸ 치즈는 사방 0.5cm로 썰어 둔다.

❹ 오믈렛 팬에 식용유와 버터를 두르고 달군 후 달걀과 치즈 반을 섞어 젓
    가락과 팬만을 이용하여 달걀이 반 정도 익으면 부드러운 스크램블드에그
    를 만든다.

❺ 스크램블 중앙에 남은 치즈를 골고루 넣고 통통한 타원형의 오믈렛을 만
    든다.

❻ 완성 접시에 보기 좋게 담는다.

Tip

- 치즈는 달걀말이 속과 달걀물에 섞어서 두 군데 들어간다.
- 완성품의 겉은 색이 나지 않고 속은 촉촉하게 익으면서 흐르는 달걀이 없어야 한다.
  이때 기름과 버터가 너무 많이 들어가면 겉표면에 주름이 생긴다.
- 오믈렛은 주걱을 사용하면 실격이므로 팬과 젓가락만으로 모양을 만든다.

Memo

양식
수프 조리

학/습/평/가

학습내용	평가항목	성취수준		
		상	중	하
수프 재료 준비	육류, 어패류, 채소류, 곡류에서 수프 용도에 알맞은 재료를 선별하여 준비할 수 있다.			
	조리에 필요한 부케가르니(Bouquet Garni)를 준비할 수 있다.			
	미르포아(Mirepoix)를 준비할 수 있다.			
	수프에 적합한 농후제를 준비할 수 있다.			
	수프에 필요한 스톡을 준비할 수 있다.			
	수프 조리에 필요한 조리도구(Kitchen Utensil)를 준비할 수 있다.			
수프 조리	수프의 종류에 따라 건더기와 수분의 비율을 조정할 수 있다.			
	수프의 종류에 따라 주요 향미를 가진 재료를 순서에 따라 볶아낼 수 있다.			
	재료가 냄비 바닥에 눌어붙지 않도록 조리할 수 있다.			
	스톡을 넣고 끓이며, 위에 뜨는 불순물을 제거할 수 있다.			
	원하는 수프의 향, 색, 농도가 충분히 우러나도록 끓일 수 있다.			
	수프의 종류에 따라 갈아주거나 걸러줄 수 있다.			
수프 요리 완성	수프의 종류에 따라 크루통(Crouton), 휘핑크림(Whipping Cream), 퀸넬(Quennel)과 같은 곁들임을 제공할 수 있다.			
	마무리된 수프의 색깔과 맛, 투명 감, 풍미, 온도를 통해 수프의 품질을 평가할 수 있다.			

학습자 결과물

Beef Consomme
비프 콘소메

요구사항

※ **주어진 재료를 사용하여 다음과 같이 비프 콘소메를 만드시오.**

❶ 어니언 브루리(onion brulee)를 만들어 사용하시오.

❷ 양파를 포함한 채소는 채 썰어 향신료, 소고기, 달걀흰자 머랭과 함께 섞어 사용하시오.

❸ 수프는 맑고 갈색이 되도록 하여 200mL 이상 제출하시오.

지급재료

- 소고기(살코기) 70g(간 것)
- 양파(중, 150g) 1개
- 당근 40g(둥근 모양이 유지되게 등분)
- 셀러리 30g
- 달걀 1개
- 소금(정제염) 2g
- 검은후춧가루 2g
- 검은통후추 1개
- 파슬리(잎, 줄기 포함) 1줄기
- 월계수잎 1잎
- 토마토(중, 150g) 1/4개
- 비프스톡(육수) 500mL (물로 대체 가능)
- 정향 1개

만드는 법

❶ 토마토는 끓는 물에 데쳐서 껍질과 씨를 제거하고 굵게 다진다.

❷ 양파는 두께 1cm 링으로 먼저 썰고, 남은 양파, 당근, 셀러리는 곱게 채 썬다.

❸ 다진 고기는 키친타월에 옮겨 핏물을 제거한다.

❹ 링으로 썬 양파는 달구어 놓은 팬에 올려 갈색으로 구워 어니언 브루리 (Onion Brulee)를 만들어 놓는다.

❺ 볼에 달걀흰자를 거품 내어 머랭을 만든다.

❻ 머랭에 소고기, 양파, 당근, 셀러리, 토마토, 월계수잎, 통후추, 파슬리 줄기 를 가볍게 섞는다.

❼ 냄비에 물 3컵을 넣고 ⑥의 혼합물을 넣은 후, 어니언 브루리를 넣고 끓으 면 약 불에서 뚜껑 열고 서서히 끓인다. 끓어 오르면 도넛 모양처럼 가운데 구멍을 내고 이물질을 제거하며 충분히 끓여, 맑은 갈색 수프가 되면 소금, 검은후춧가루로 간하고 거즈에 밭쳐 거른다.

❽ 완성 그릇에 200mL 이상 담는다.

Tip

• 맑은 수프나 스톡을 거를 때는 물기 꼭 짠 거즈를 여러 겹으로 접어서 밭친다.
• 맑은 국물을 내기 위해서는 끓기 시작하면 약한 불로 줄여 뚜껑 열고 은근하게 끓인다.

Memo

Minestrone Soup
미네스트로니 수프

요구사항

※ **주어진 재료를 사용하여 다음과 같이 미네스트로니 수프를 만드시오.**

❶ 채소는 사방 1.2cm, 두께 0.2cm로 써시오.

❷ 스트링빈스, 스파게티는 1.2cm의 길이로 써시오.

❸ 국물과 고형물의 비율을 3 : 1로 하시오.

❹ 전체 수프의 양은 200mL 이상으로 하고 파슬리 가루를 뿌려내시오.

지급재료

- 양파(중, 150g) 1/4개
- 셀러리 30g
- 당근 40g(둥근 모양이 유지되게 등분)
- 무 10g
- 양배추 40g
- 버터(무염) 5g
- 스트링빈스 2줄기(냉동, 채두 대체 가능)
- 완두콩 5알
- 토마토(중, 150g) 1/8개
- 스파게티 2가닥
- 토마토 페이스트 15g
- 파슬리(잎, 줄기 포함) 1줄기
- 베이컨(길이 25~30cm) 1/2조각
- 마늘(중, 깐 것)1쪽
- 소금(정제염) 2g
- 검은후춧가루 2g
- 치킨스톡 200mL(물로 대체 가능)
- 월계수잎 1잎
- 정향 1개

만드는 법

① 마늘은 다지고 양파, 무, 양배추, 셀러리, 당근, 베이컨은 사방 1.2cm, 두께 0.2cm로 썰고, 부케가르니를 만들어 둔다.

② 파슬리는 곱게 다져 거즈에 싸서 흐르는 물에 헹군 후, 녹즙을 제거하여 보슬보슬한 가루가 되게 한다.

③ 토마토는 끓는 물에 살짝 데치고, 스파게티는 삶는다.

④ 껍질과 씨를 제거한 토마토, 스트링빈스, 삶은 스파게티도 1.2cm 크기로 썬다.

⑤ 냄비에 버터 두르고 양파, 무, 양배추 셀러리, 당근, 마늘, 순서로 볶다가 토마토 페이스트 1큰술을 넣고 약불에서 신맛이 날아갈 때까지 볶은 후 물 1.5컵을 붓고 끓으면 토마토, 베이컨, 부케가르니를 넣고 끓인다.

⑥ ⑤의 재료가 다 익으면 남은 스트링빈스, 완두콩, 스파게티 면을 넣고 끓이면서 불순물과 기름기를 제거하며 은근하게 끓여, 국물과 고형물이 3 : 1 정도 비율의 농도가 나면 부케가르니는 건져내고 소금, 후추로 간한다.

⑦ 완성 그릇에 200mL 이상 담고 파슬리가루를 뿌린다.

Tip

• 모든 채소는 1.2cm 두께의 스틱 모양으로 썬 후, 0.2cm 두께로 썰어야 전체적으로 일정한 크기가 되며 양배추 줄기 부분이 두꺼우면 저며서 사용한다.

• 토마토 페이스트는 낮은 온도에서 충분히 볶아야 떫은맛과 신맛이 제거된다.

• 이탈리아 수프의 한 종류로 채소 수프와 거의 같으며 다른 점은 제일 나중에 파스타를 삶아 넣어 주는데 극히 적은 양이다.

Memo

시험시간
30분

Fish Chowder Soup
피시차우더 수프

요구사항

※ 주어진 재료를 사용하여 다음과 같이 피시차우
더 수프를 만드시오.

❶ 차우더 수프는 화이트 루(roux)를 이용하여
농도를 맞추시오.

❷ 채소는 0.7cm×0.7cm×0.1cm, 생선은 1cm
×1cm×1cm 크기로 써시오.

❸ 대구살을 이용하여 생선스톡을 만들어 사용
하시오.

❹ 수프는 200mL 이상 제출하시오.

지급재료

• 대구살 50g(해동지급)
• 감자(150g) 1/4개
• 베이컨(길이 25~30cm)
  1/2조각
• 양파(중, 150g) 1/6개
• 셀러리 30g
• 버터(무염) 20g
• 밀가루(중력분) 15g
• 우유 200mL
• 소금(정제염) 2g
• 흰후춧가루 2g

• 정향 1개
• 월계수잎 1잎

만드는 법

① 감자, 베이컨, 양파, 셀러리는 0.7cm×0.7cm×0.1cm 크기로 썰고 감자는 찬물에 담가 둔다.

② 생선살은 수분을 제거하고 1cm×1cm×1cm 주사위 모양으로 썬다.

③ 양파에 월계수잎과 정향을 꽂아 부케가르니를 만든다.

④ 팬에 버터 두르고 감자, 베이컨 먼저 볶아 내고 양파, 셀러리, 순서로 살짝 볶는다.

⑤ 냄비에 물 1컵을 넣어 끓으면 생선살을 넣어 익혀 건져두고 피시스톡은 거즈에 거른다.

⑥ 냄비에 버터와 밀가루 넣어 낮은 불에서 은근하게 화이트 루를 볶는다.

⑦ 화이트 루에 피시스톡을 붓고 덩어리지지 않도록 잘 풀어준다.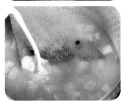

⑧ ⑦에 볶은 채소와 생선살을 넣고 우유로 농도를 맞추고, 부케가르니를 넣어 끓인 후 부케가르니는 건져내고 소금, 흰후춧가루로 간한다.

⑨ 완성 그릇에 200mL 이상 담는다.

Tip

- 루가 들어가는 수프는 완성 농도보다 약간 묽을 때 완성해야 먹을 때쯤 알맞은 농도가 된다.
- 피시차우더 수프는 흰색이 나도록 조리해야 하며 채소는 색의 변화가 없게 볶는다.
- 차우더(Chowder)는 미리 익힌 육류나 생선을 채소와 함께 생선 육수와 화이트 루를 넣어 걸쭉하게 끓인 수프이다.

Memo

French Onion Soup
프렌치 어니언 수프

요구사항

※ **주어진 재료를 사용하여 다음과 같이 프렌치 어니언 수프를 만드시오.**

❶ 양파는 5cm 크기의 길이로 일정하게 써시오.

❷ 바게트빵에 마늘버터를 발라 구워서 따로 담아내시오.

❸ 수프의 양은 200mL 이상 제출하시오.

지급재료

- 양파(중, 150g) 1개
- 바게트빵 1조각
- 버터(무염) 20g
- 소금(정제염) 2g
- 검은후춧가루 1g
- 파르메산 치즈가루 10g
- 백포도주 15mL
- 마늘(중, 깐 것)1쪽
- 파슬리(잎, 줄기 포함)
  1줄기

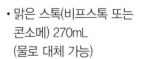

- 맑은 스톡(비프스톡 또는 콘소메) 270mL
  (물로 대체 가능)

만드는 법

❶ 양파는 5cm 길이로 얇고 일정하게 채 썰어, 달군 냄비에 물을 조금씩 넣어
가며 갈색으로 볶는다.

❷ ①의 양파에 물 300mL를 넣고 불순물을 제거하면서 은근하게 끓여 소금,
후추 간하고 백포도주를 넣어 살짝 끓인다.

❸ 마늘과 파슬리는 각각 곱게 다져 물에 헹궈 녹즙 제거 후 보슬보슬한 가루
로 만든 후 버터에 넣고 섞는다.

❹ 바게트빵 한쪽 면에 마늘버터를 바르고 파르메산 치즈가루를 뿌려 노릇하
게 굽는다.

❺ 완성 그릇에 건더기부터 담고 국물을 200mL 이상 붓는다.

❻ 수프와 마늘빵은 따로 담아 함께 제출한다.

Tip

• 양파의 색을 잘 내려면 일정하고 얇게 채 썬다.
• 양파 색이 나지 않을 때는 볶을 때 물이나 와인을 조금씩 넣는다.
• 단단한 버터를 부드럽게 하려면 계량컵에 담아 달구어진 팬 위에 잠시 올려둔다.

Memo

Potato Cream Soup
포테이토 크림수프

요구사항

※ **주어진 재료를 사용하여 다음과 같이 포테이토 크림수프를 만드시오.**

❶ 크루통(crouton)의 크기는 사방 0.8~1cm로 만들어 버터에 볶아 수프에 띄우시오.

❷ 익힌 감자는 체에 내려 사용하시오.

❸ 수프의 색과 농도에 유의하고 200mL 이상 제출하시오.

지급재료

- 감자(200g) 1개
- 대파 1토막(흰부분 10cm)
- 양파(중, 150g) 1/4개
- 버터(무염) 15g
- 치킨스톡 270mL(물로 대체 가능)
- 생크림(동물성) 20mL
- 식빵(샌드위치용) 1조각
- 소금(정제염) 2g
- 흰후춧가루 1g
- 월계수잎 1잎

만드는 법

❶ 식빵은 사방 1cm 주사위 모양으로 썰어 버터 두른 팬에서 황금색이 나도록 볶아 크루통(crouton)을 만든다.

❷ 감자는 껍질 벗기고 얇게 썰어 찬물에 담가 전분을 빼고 양파, 대파 흰 부분은 가늘게 채 썬다.

❸ 냄비에 버터 두르고 ②의 양파, 대파, 감자를 순서대로 색깔이 나지 않도록 볶은 후, 스톡(물) 2컵과 월계수잎을 넣고 뚜껑을 덮고 끓기 시작하면 중불로 불을 낮춰 푹 끓인다.

❹ 감자가 충분히 익었으면 월계수 잎은 건져내고, 고운체에 내린 다음 다시 불에 올려 생크림 1큰술을 넣고 살짝 끓여 농도를 맞추고 소금, 흰후춧가루로 간을 한다.

❺ 완성 그릇에 수프를 200mL 이상 담은 후 크루통을 얹어 낸다.

Tip

- 감자는 얇게 썰어 약불에서 뭉그러지도록 익혀야 체에 내리기 쉽고 수프의 양도 많다.
- 감자 삶은 물의 양이 많은 경우 물을 조금 따라 놓고 체에 거른다(이때 냄비에 바로 내리면 허실이 적다).
- 크루통은 제출하기 직전에 얹어야 국물을 흡수하지 않고 바삭함을 유지한다.

Memo

양식
육류 조리

학습내용	평가항목	성취수준		
		상	중	하
육류 재료 준비	조리법과 질김 정도, 향미를 고려하여 육류, 가금류의 종류와 메뉴에 맞는 부위를 선택할 수 있다.			
	메뉴의 종류에 따라 육류, 가금류의 종류와 조리 부위를 선택할 수 있다.			
	용도에 맞게 재료를 발골, 절단하여 손질할 수 있다.			
	요리에 알맞은 부재료와 소스를 준비할 수 있다.			
	로스팅(Roasting)할 재료는 끈을 사용하여 감쌀 수 있도록 묶을 수 있다.			
	필요에 따라 마리네이드(Marinade) 하는 방법, 향신료와 채소를 채워 넣는 방법을 사용할 수 있다.			
육류 요리 조리	육류, 가금류 요리 시 재료에 적합한 조리 방식과 조리도구를 결정할 수 있다.			
	재료가 눌어붙거나 부서지지 않도록 조리할 수 있다.			
	화력과 시간을 조절하여 원하는 익힘 정도로 조리할 수 있다.			
	향신료를 사용하여 향과 맛을 조절할 수 있다.			
	육류, 가금류 요리에 알맞은 가니시(Garnish)와 소스를 조리할 수 있다.			
육류 요리 완성	육류, 가금류 요리에 알맞은 맛과 풍미를 이끌어 낼 수 있는 요리를 제공할 수 있다.			
	주재료에 어울리는 가니시(Garnish)를 제공할 수 있다.			
	마무리된 음식의 색깔과 맛, 풍미, 온도를 통해 음식의 품질을 평가할 수 있다.			

 학습자 결과물

Chicken a' la King
치킨 알라킹

시험시간 **30분**

요구사항

※ **주어진 재료를 사용하여 다음과 같이 치킨 알라킹을 만드시오.**

❶ 완성된 닭고기와 채소, 버섯의 크기는 1.8cm ×1.8cm로 균일하게 하시오.

❷ 닭뼈를 이용하여 치킨 육수를 만들어 사용하시오.

❸ 화이트 루(roux)를 이용하여 베샤멜 소스(bechamel sauce)를 만들어 사용하시오.

지급재료

- 닭다리[한 마리 1.2kg(허벅지살 포함 반 마리 지급 가능)] 1개
- 청피망(중, 75g) 1/4개
- 홍피망(중, 75g) 1/6개
- 양파(중, 150g) 1/6개
- 양송이 20g(2개)
- 버터(무염) 20g
- 밀가루(중력분) 15g
- 우유 150mL
- 정향 1개

- 생크림(동물성) 20mL
- 소금(정제염) 2g
- 흰후춧가루 2g
- 월계수잎 1잎

만드는 법

❶ 닭은 껍질을 제거하고 살과 뼈로 분리하여 살은 2cm×2cm 크기로 썰고 뼈는 찬물에 담가 둔다.

❷ 양파, 청피망, 홍피망은 1.8cm×1.8cm 정도로 썰고 양송이는 껍질을 벗겨 일정한 크기로 썰고(열십자로 4등분) 부케가르니(양파, 월계수잎, 정향)를 만든다.

❸ 닭뼈에 물 2컵을 넣어 끓으면 불순물을 제거하고, 중불에서 5분 정도 더 끓여 치킨육수를 맑게 걸러 준비한다.

❹ 팬에 버터 두르고 ②의 양파, 양송이, 청피망, 홍피망 순서로 각각 볶아내고 ①의 닭고기도 버터에 볶아 놓는다.

❺ 냄비에 버터를 녹이고 밀가루를 넣어 낮은 온도에서 색이 나지 않고 고소하도록 화이트 루를 볶는다.

❻ 화이트 루에 치킨스톡 1컵을 넣어 풀고, 우유 1/2컵과 부케가르니를 넣어 끓여서 베샤멜소스(bechamel sauce)를 만든다.

❼ 베샤멜소스에 닭고기, 양파, 양송이, 청피망, 홍피망 순서로 넣어가며 끓이다가 생크림 1큰술 넣고 소금, 흰후춧가루로 간한 후 부케가르니는 건져낸다.

❽ 완성 그릇에 농도와 건더기 비율을 조절하여 담는다.

Tip ⋯⋯⋯

• 알라킹(A La King)은 화이트 크림이나 베샤멜소스에 버섯, 풋고추, 피망 등을 넣어서 만든 프랑스 요리이다.
• 화이트 루를 볶을 때 버터와 밀가루의 비율은 1 : 1(1.5)이다.
• 알라킹을 끓일 때 피망은 나중에 넣어야 피망 색과 소스의 흰색을 유지할 수 있다.

Memo ⋯⋯

시험시간
30분

Chicken Cutlet
치킨커틀릿

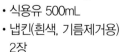

요구사항

※ **주어진 재료를 사용하여 다음과 같이 치킨커틀 릿을 만드시오.**

❶ 닭은 껍질째 사용하시오.

❷ 완성된 커틀릿의 색에 유의하고 두께는 1cm 로 하시오.

❸ 딥팻 프라잉(deep fat frying)으로 하시오.

지급재료

• 닭다리[한 마리(1.2kg), 허 벅지살 포함 반 마리 지급 가능] 1개
• 달걀 1개
• 밀가루(중력분) 30g
• 빵가루(마른 것) 50g
• 소금(정제염) 2g
• 검은후춧가루 2g
• 식용유 500mL
• 냅킨(흰색, 기름제거용) 2장

만드는 법

❶ 닭은 뼈를 발라내고 껍질째 두께 0.7cm로 포를 떠 힘줄이 오그라지지 않도록 잔 칼집을 고루 넣어 소금, 후추로 간한다.

❷ 달걀은 풀어둔다.

❸ 닭고기에 밀가루, 달걀물, 빵가루 순서로 튀김옷을 입혀 꼭꼭 누르고 가장자리 모양을 다듬어 준다.

❹ 170～180℃의 기름에 살쩍부터 넣어 모양을 유지하며 황금색을 내고, 완성 두께가 1cm가 되도록 튀겨 기름을 제거한다.

❺ 완성 접시에 담는다.

Tip

• 커틀릿은 얇게 저민 육류나 생선에 밀가루, 달걀, 빵가루를 입혀 튀겨내는 요리이다.
• 딥팻 프라이(deep fat fry)란 기름에 튀겨내는 것이다.
• 고기에 밀가루를 묻힐 때는 골고루 묻힌 후 여분의 밀가루를 털어 버린다.

Memo

Beef Stew
비프스튜

요구사항

※ **주어진 재료를 사용하여 다음과 같이 비프스
튜를 만드시오.**

❶ 완성된 소고기와 채소의 크기는 1.8cm의 정
육면체로 하시오.

❷ 브라운 루(Brown roux)를 만들어 사용하시오.

❸ 파슬리 다진 것을 뿌려내시오.

지급재료

- 소고기(살코기) 100g(덩
  어리)
- 당근 70g(둥근 모양이 유
  지되게 등분)
- 양파(중, 150g) 1/4개
- 셀러리 30g
- 감자(150g) 1/3개
- 마늘(중, 깐 것)1쪽
- 토마토 페이스트 20g
- 밀가루(중력분) 25g
- 버터(무염) 30g
- 소금(정제염) 2g
- 검은후춧가루 2g
- 파슬리(잎, 줄기 포함) 1
  줄기
- 월계수잎 1잎
- 정향 1개

만드는 법

① 양파와 섬유질 제거한 셀러리는 1.8cm 정도의 정사각형으로 썬다.

② 감자와 당근은 2cm 정육면체로 썰어 모서리를 다듬은 후, 감자는 물에 담가 둔다.

③ 소고기는 사방 2cm 크기로 썰어서 소금, 후추로 간하고 밀가루를 묻힌다.

④ 마늘은 다지고, 파슬리도 잘게 다져 녹즙 제거 후 보슬보슬한 가루를 만든다.

⑤ 부케가르니(양파에 월계수잎, 정향을 꽂은 향신료 묶음)를 만든다.

⑥ 팬에 버터를 두르고 먼저 소고기를 넣어 볶아내고 양파, 감자, 당근, 셀러리, 순서로 볶아낸다.

⑦ 냄비에 버터 두르고 밀가루를 넣어 약불에서 갈색이 나게 볶아 브라운 루를 만든다.

⑧ 브라운 루에 토마토 페이스트 1큰술을 넣고 충분히 볶은 후 물 2컵을 부어가며 브라운 루를 풀어 부케가르니, 파슬리 줄기, 다진 마늘, 소고기를 넣고 끓이다가 볶은 채소를 넣고 끓으면 나머지 감자를 넣고 푹 익힌다.

⑨ 재료가 다 익고 농도가 나면 부케가르니, 파슬리 줄기를 건져내고 소금, 후추 간한다.

⑩ 완성 접시에 담고 위에 파슬리가루를 뿌려 낸다.

Tip

- 스튜란 비슷한 크기의 육류와 채소를 뭉근히 끓여 만든 우리나라 찜과 비슷한 서양 요리이다.
- 고기에 밀가루를 묻히는 것은 육즙이 빠지는 것을 방지하는 것이다.
- 브라운 루는 오래 볶아야 하므로 중간에 루가 묽어지므로, 처음 볶기 시작할 때 농도를 되직하게 잡아야 한다.

Memo

Salisbury Steak
살리스버리 스테이크

시험시간
40분

요구사항

※ **주어진 재료를 사용하여 다음과 같이 살리스버리 스테이크를 만드시오.**

❶ 살리스버리 스테이크는 타원형으로 만들어 고기 앞, 뒤의 색을 갈색으로 구우시오.

❷ 더운 채소(당근, 감자, 시금치)를 각각 모양 있게 만들어 곁들여 내시오.

지급재료

- 소고기(살코기) 130g (간 것)
- 양파(중, 150g) 1/6개
- 달걀 1개
- 우유 10mL
- 빵가루(마른 것) 20g
- 소금(정제염) 2g
- 검은후춧가루 2g
- 식용유 150mL
- 감자(150g) 1/2개
- 시금치 70g
- 당근 70g(둥근 모양이 유지되게 등분)
- 백설탕 25g
- 버터(무염) 50g

만드는 법

❶ 감자는 길이 5cm×1cm×1cm 크기 정도로 썰어 물에 담가 둔다.

❷ 시금치는 다듬어 씻고, 양파 일부는 잘게 다지고 나머지는 곱게 다진다.

❸ 당근은 지름 3cm, 두께 0.5cm로 썰어 모서리를 다듬는다(Vichy).

❹ 냄비에 물을 끓여 소금을 약간 넣고 감자, 당근은 삶고, 시금치는 데친 후 길이 4~5cm로 정도로 썬다.

❺ 삶은 당근은 물 4큰술, 설탕 1큰술, 버터 1작은술, 소금 약간을 넣고 윤기 나게 조린다.

❻ 삶은 감자는 수분을 제거하고 160~170℃의 튀김 기름에 노릇하게 튀긴 후 소금을 뿌린다.

❼ 기름 두른 팬에 잘게 다진 양파를 볶다가 데친 시금치를 넣어 살짝 볶은 후 소금, 후추로 간한다.

❽ 스테이크 만들기

   1) 빵가루 2큰술, 우유 1큰술을 섞어 불린다.

   2) 곱게 다진 양파는 기름 두르지 않은 팬에서 볶아 수분을 날린다.

   3) 간 소고기는 핏물을 제거한 후 다시 곱게 다진다.

   4) 고기, 양파, 달걀, 빵가루, 소금, 후추를 넣어 끈기가 생기도록 치댄 후 0.8cm 두께의 타원형으로 만든다.

❾ 기름 두른 팬이 뜨겁게 달구어지면 스테이크를 넣고 양면이 갈색 나게 지진 후 약불에서 뚜껑 닫고 속까지 익힌다.

❿ 완성 접시 가장자리에 감자, 시금치, 당근을 모양 있게 담고 스테이크를 조화롭게 담아낸다.

Tip

· 다진 고기의 핏물은 물기를 꼭 짠 거즈에 싸서 짠다.
· 반죽은 오래 치대어 끈기가 있어야 익혔을 때 부서지지 않는다.
· 고기 익은 정도는 손가락으로 눌러 단단한 정도로, 핏물이 나오지 않으면 익은 것이다.

Memo

시험시간
30분

Sirloin Steak
서로인 스테이크

요구사항

※ 주어진 재료를 사용하여 다음과 같이 서로인 스테이크를 만드시오.

❶ 스테이크는 미디엄(medium)으로 구우시오.

❷ 더운 채소(당근, 감자, 시금치)를 각각 모양 있게 만들어 함께 내시오.

지급재료

- 소고기(등심) 200g (덩어리)
- 감자(150g) 1/2개
- 당근 70g(둥근 모양이 유지되게 등분)
- 시금치 70g
- 소금(정제염) 2g
- 검은후춧가루 1g
- 식용유 150mL
- 버터(무염) 50g
- 백설탕 25g
- 양파(중, 150g) 1/6개

만드는 법

❶ 감자는 길이 5cm×1cm×1cm 크기 정도로 썰어 물에 담가 둔다.

❷ 시금치는 다듬어 씻고, 양파는 다진다.

❸ 당근은 지름 3cm, 두께 0.5cm로 썰어 모서리를 다듬는다(Vichy).

❹ 고기는 핏물, 가장자리 힘줄, 지방을 제거하고 소금, 후춧가루로 간한다.

❺ 냄비에 물을 끓여 소금을 약간 넣고 감자, 당근은 삶고, 시금치는 데친 후 길이 4~5cm로 정도로 썬다.

❻ 삶은 당근은 물 4큰술, 설탕 1큰술, 버터 1작은술, 소금 약간을 넣고 윤기 나게 조린다.

❼ 삶은 감자는 수분을 제거하고 160~170℃의 튀김 기름에 노릇하게 튀긴 후 소금을 뿌린다.

❽ 기름을 두른 팬에 다진 양파를 볶다가 데친 시금치를 넣어 살짝 볶은 후 소금, 후추로 간한다.

❾ 팬에 식용유와 버터를 넣고 달구어지면, 소고기를 넣고 양면이 갈색 나게 지진 후 불을 줄여 미디엄으로 익힌다.

❿ 완성 그릇 가장자리에 감자, 시금치, 당근을 모양 있게 담고 스테이크를 조화롭게 담아낸다.

Tip

- 스테이크(Steak) 익힘 정도 : 블루 레어(Blue Rare), 레어(Rare), 미디엄 레어(Medium Rare), 미디엄(Medium), 미디엄 웰던(Medium Well-done), 웰던(Well-done)으로 구분된다.
- 시금치 볶을 때 버터를 사용하면 식으면서 하얗게 굳으므로 식용유를 사용해도 된다.
- 스테이크를 구울 때는 팬을 충분히 달구어야 먹음직스러운 갈색이 나며 핏물이 많이 생기지 않는다.

Memo

Barbecued
Pork Chop
바비큐 폭찹

요구사항

※ 주어진 재료를 사용하여 다음과 같이 바비큐 폭찹을 만드시오.

❶ 고기는 뼈가 붙은 채로 사용하고 고기의 두께는 1cm로 하시오.

❷ 양파, 셀러리, 마늘은 다져 소스로 만드시오.

❸ 완성된 소스는 농도에 유의하고 윤기가 나도록 하시오.

지급재료

- 돼지갈비(살 두께 5cm 이상, 뼈를 포함한 길이 10cm) 200g
- 토마토케첩 30g
- 우스터 소스 5mL
- 황설탕 10g
- 양파(중, 150g) 1/4개
- 소금(정제염) 2g
- 검은후춧가루 2g
- 셀러리 30g
- 핫소스 5mL
- 버터(무염) 10g
- 식초 10mL
- 월계수잎 1잎
- 밀가루(중력분) 10g
- 레몬 1/6개(길이(장축)로 등분)
- 마늘(중, 깐 것)1쪽
- 비프스톡(육수) 200mL (물로 대체 가능)
- 식용유 30mL

만드는 법

❶ 돼지갈비는 기름과 막을 제거하고, 찬물에 담가 핏물을 뺀다.

❷ 마늘은 다지고 양파, 셀러리는 0.3cm 정도의 굵기로 다진다.

❸ 레몬은 즙을 짠다.

❹ ①의 돼지갈비는 물기를 제거하고 뼈가 붙은 상태에서 0.7cm 두께로 포를 뜬 후 잔 칼집을 넣어 소금, 후추를 뿌려 두었다가 밀가루를 묻혀 기름 두른 팬에서 노릇노릇하게 지진다.

❺ 냄비에 버터를 넣고 마늘, 양파, 셀러리를 살짝 볶은 후 토마토케첩 3큰술, 우스터소스 1작은술, 핫소스 1작은술, 황설탕 1큰술, 식초 1작은술, 레몬즙 1/2큰술, 물 1컵, 월계수잎을 넣고 끓인다.

❻ ⑤의 소스가 끓으면 거품과 불순물을 제거하면서 지진 돼지갈비를 넣고 국물을 끼얹어 가며 윤기가 날 때까지 조리다가 월계수잎은 건져내고 소금, 후추로 간한다.

❼ 완성 그릇에 갈비를 담고 소스를 끼얹어 낸다.

> **Tip**

• 갈비는 뼈와 살이 떨어지지 않도록 0.7cm 일정한 두께로 펼쳐서 칼등으로 두들기고 칼집 넣는다.

• 바비큐 폭찹의 가장 많은 실격 사유는 갈비를 제대로 익히지 못하는 것이므로 팬에서 지질 때 낮은 불에서 속까지 익힌다.

• 농도가 너무 되면 윤기가 나지 않고, 바비큐소스는 새콤, 달콤, 매콤한 맛이 나야 한다.

> **Memo**

양식
파스타 조리

학습내용	평가항목	성취수준		
		상	중	하
파스타 재료 준비	파스타 재료를 계량하여 손으로 반죽할 수 있다.			
	원하는 모양으로 만든 면발이 서로 엉겨 붙지 않도록 처리할 수 있다.			
	파스타에 필요한 부재료와 소스 재료를 준비할 수 있다.			
	파스타 조리에 필요한 주방 도구를 준비할 수 있다.			
파스타 조리	면의 종류에 따라 끓는 물에 삶아 낼 수 있다.			
	속을 채운 파스타의 경우 터지지 않게 삶을 수 있다.			
	삶아 익힌 면은 물기를 제거한 후 달라붙지 않게 조리할 수 있다.			
	파스타의 종류에 따라 부재료와 소스를 선택하여 조리할 수 있다.			
파스타 요리 완성	1인분의 양을 조절하여 제공할 수 있다.			
	주재료에 어울리는 가니시(Garnish)를 제공할 수 있다.			
	파스타의 종류에 알맞은 그릇에 담아 제공할 수 있다.			
	마무리된 음식의 색깔과 맛, 풍미, 온도를 통해 음식의 품질을 평가할 수 있다.			

 학습자 결과물

 시험시간 **30분**

Spaghetti Carbonara
스파게티 카르보나라

요구사항

※ **주어진 재료를 사용하여 다음과 같이 스파게티 카르보나라를 만드시오.**

❶ 스파게티 면은 알 덴테(al dante)로 삶아서 사용하시오.

❷ 파슬리는 다지고 통후추는 곱게 으깨서 사용하시오.

❸ 베이컨은 1cm 정도 크기로 썰어, 으깬 통후추와 볶아서 향이 잘 우러나게 하시오.

❹ 생크림은 달걀 노른자를 이용한 리에종(Liaison)과 소스에 사용하시오.

지급재료

- 스파게티 면(건조 면) 80g
- 올리브오일 20mL
- 버터(무염) 20g
- 생크림(동물성) 180mL
- 베이컨(길이 25~30cm) 1조각
- 달걀 1개
- 파르메산 치즈가루 10g
- 파슬리(잎, 줄기 포함) 1줄기
- 소금(정제염) 5g
- 검은통후추 5개
- 식용유 20mL

만드는 법

❶ 끓는 물에 약간의 소금과 식용유, 스파게티 면을 넣고 8~9분 삶아 체에 밭쳐 올리브오일로 버무려 두고 면수 1컵 정도는 보관한다.

❷ 통후추는 칼 등으로 으깨고, 베이컨은 1cm 크기로 썰고, 파슬리는 잘게 다져 물에 씻어 녹즙 제거 후 보슬보슬한 가루를 만든다.

❸ 달걀노른자 1개, 생크림 3큰술을 넣어 리에종(liaison) 소스를 만든다.

❹ 냄비에 버터를 녹여 베이컨과 으깬 통후추를 넣고 볶다가 스파게티 면을 넣고 같이 볶아 준다.

❺ ④에 생크림 1/2컵과 소금을 넣어 코팅하듯이 볶은 후 불을 끄고 리에종 소스, 파르메산 치즈가루, 파슬리가루를 섞는다.

❻ 완성 그릇에 스파게티 면부터 말아 담고, 남은 소스를 어우러지게 담는다.

Tip

- 카르보나라 소스는 로마의 전통 소스로 베이컨과 달걀, 치즈가루 등으로 만들며 가장 많이 알려진 크림소스이다.
- 리에종(liaison)은 소스, 수프, 스튜 등에 밀가루, 달걀노른자와 같은 농후제를 사용하여 농도를 맞추는 것이다(달걀노른자 1개 : 생크림 60mL = 1 : 3 비율로 섞는다).
- 알 단테(al dante)란 파스타 면을 삶았을 때 중간 정도의 설익힌 것으로 꼬들꼬들하고 쫄깃한 식감이 있는 상태이다.

Memo

Seafood Spaghetti Tomato Sauce
토마토소스 해산물 스파게티

요구사항

※ 주어진 재료를 사용하여 다음과 같이 토마토소스 해산물 스파게티를 만드시오.

❶ 스파게티 면은 알 덴테(al dante)로 삶아서 사용하시오.

❷ 조개는 껍질째, 새우는 껍질을 벗겨 내장을 제거하고, 관자살은 편으로 썰고, 오징어는 0.8cm×5cm 크기로 썰어 사용하시오.

❸ 해산물은 화이트와인을 사용하여 조리하고, 마늘과 양파는 해산물 조리와 토마토소스 조리에 나누어 사용하시오.

❹ 바질을 넣은 토마토소스를 만들어 사용하시오.

❺ 스파게티는 토마토소스에 버무리고 다진 파슬리와 슬라이스한 바질을 넣어 완성하시오.

지급재료

• 마늘 3쪽
• 올리브오일 40mL
• 스파게티 면(건조 면) 70g
• 토마토(캔)(홀필드, 국물 포함) 300g
• 양파(중, 150g) 1/2개
• 바질(신선한 것) 4잎
• 파슬리(잎, 줄기 포함) 1줄기
• 방울토마토(붉은색) 2개
• 새우(껍질 있는 것) 3마리
• 오징어(몸통) 50g

• 모시조개(지름 3cm) 3개 (바지락 대체 가능)
• 관자살(50g) 1개(작은 관자 3개)
• 화이트와인 20mL
• 소금 5g
• 흰후춧가루 5g
• 식용유 20mL

만드는 법

❶ 파슬리는 물에 담가두고, 조개는 소금물에 담가 해감하고, 냉동 해물은 찬 물에 담가 해동한다.

❷ 물이 끓으면 약간의 소금과 식용유, 스파게티 면을 넣고 8~9분 정도 삶아 체에 밭쳐 올리브오일로 버무려 두고 면수 1컵 정도는 보관한다.

❸ 마늘, 양파, 캔토마토는 곱게 다지고 방울토마토는 2~4등분하고, 바질 잎 은 얇게 슬라이스 하고 파슬리는 잘게 다져 물에 씻어 녹즙 제거 후 보슬 보슬한 가루를 만든다.

❹ 관자 살은 점막을 벗긴 후 편으로 썰고, 새우는 머리, 내장, 껍질을 제거하 고, 오징어는 껍질을 벗겨 0.8cm×5cm 크기로 썬다.

❺ 올리브오일에 마늘과 양파를 볶다가 다진 토마토(캔)와 국물을 넣어 자작하 게 끓여, 슬라이스한 바질 반을 넣고 토마토소스를 완성한다.

❻ 냄비에 올리브오일을 두르고 마늘, 양파를 볶다가 해산물 넣고 조개 입이 벌어질 때까지 화이트 와인을 넣어 플랑베(flambe)한 후, 방울토마토를 넣 는다.

❼ 볶은 해산물에 토마토소스를 넣어 끓이다가 스파게티 면을 넣어 소스와 면 이 잘 어우러지도록 저어가며 조리한 후, 소금, 흰후춧가루로 간하고 남은 바질과 파슬리를 넣어 섞는다.

❽ 완성 그릇에 스파게티 면을 말아서 올리고 해산물과 소스를 어우러지게 담는다.

Tip

- 관자 살은 가장자리의 점막을 제거하고 결 반대 방향으로 슬라이스 해야 부드럽다.
- 오징어는 내장 쪽에 사선으로 솔방울 모양 칼집을 넣고 썰면 간이 잘 배고 부드럽다.
- 바지락은 반드시 입이 벌어져야 하므로 면수를 추가해서 끓일 수도 있다.

Memo

양식
소스 조리

학습내용	평가항목	성취수준		
		상	중	하
소스 재료 준비	조리에 필요한 부케가르니(Bouquet Garni)를 준비할 수 있다.			
	미르포아(Mirepoix)를 준비할 수 있다.			
	루(Roux)는 버터와 밀가루를 동량으로 사용하여 만들 수 있다.			
	소스에 필요한 스톡을 준비할 수 있다.			
	소스 조리에 필요한 주방 도구(Kitchen Utensil)를 준비할 수 있다.			
소스 조리	미르포아(Mirepoix)를 볶은 다음 찬 스톡을 넣고 서서히 끓일 수 있다.			
	소스의 용도에 맞게 농후제를 사용할 수 있다.			
	소스를 끓이는 과정에서 불순물이나 기름이 위로 떠오르면 걷어낼 수 있다.			
	적절한 시간에 향신료를 첨가할 수 있다.			
	원하는 소스의 지정된 맛, 향, 농도, 색이 될 때까지 조리할 수 있다.			
	소스를 걸러내어 정제할 수 있다.			
소스 완성	소스의 품질이 떨어지지 않도록 적정 온도를 유지할 수 있다.			
	소스에 표막이 생성되는 것을 막도록 버터나 정제된 버터로 표면을 덮어 마무리할 수 있다.			
	마무리된 소스의 색깔과 맛, 투명감, 풍미, 온도를 통해 소스의 품질을 평가할 수 있다.			
	요구되는 양에 맞추어 소스를 제공할 수 있다.			

🍽 학습자 결과물

시험시간
30분

Italian Meat Sauce
이탈리안 미트소스

요구사항

※ 주어진 재료를 사용하여 다음과 같이 이탈리안 미트소스를 만드시오.

❶ 모든 재료는 다져서 사용하시오.
❷ 그릇에 담고 파슬리 다진 것을 뿌려내시오.
❸ 소스는 150mL 이상 제출하시오.

지급재료

• 양파(중, 150g) 1/2개
• 소고기(살코기) 60g
  (간 것)
• 마늘(중, 깐 것)1쪽
• 캔 토마토(고형물) 30g
• 버터(무염) 10g
• 토마토 페이스트 30g
• 월계수잎 1잎
• 파슬리(잎, 줄기 포함)
  1줄기
• 소금(정제염) 2g

• 검은후춧가루 2g
• 셀러리 30g

만드는 법

❶ 마늘과 양파는 곱게 다진다.

❷ 셀러리는 섬유질을 제거하고 곱게 다진다.

❸ 캔토마토는 씨를 제거하고 다진다.

❹ 파슬리잎은 곱게 다져 거즈에 싸서 물에 헹군 후 녹즙을 제거하여 보슬보슬한 가루를 만든다.

❺ 간 소고기는 핏물을 제거하고 한 번 더 곱게 다진다.

❻ 냄비에 버터를 녹여 고기 먼저 볶다가 마늘, 양파, 셀러리를 볶은 후 토마토 페이스트 1큰술을 넣고 신맛이 없어지도록 충분히 볶는다.

❼ ⑥에 육수(물) 2컵을 붓고 캔토마토, 월계수잎을 넣어 끓이면서 거품을 걷어내고 알맞은 농도가 되면 월계수 잎은 건져내고 소금, 후추로 간을 한다.

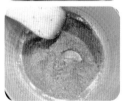

❽ 완성 그릇에 150mL 이상 담고 위에 파슬리가루를 뿌려 낸다.

Tip ··

- 이탈리안 미트소스는 파스타 요리에 주로 사용하는 이탈리아의 대표적인 소스이다.
- 지급된 다진 고기는 핏물을 빼고 다시 곱게 다져 준비한다.
- 다진 재료를 볶을 때는 수분이 빠져나올 때까지 충분히 볶는다.

Memo ···

Hollandaise Sauce
홀랜다이즈 소스

요구사항

※ **주어진 재료를 사용하여 다음과 같이 홀랜다이즈 소스를 만드시오.**

 양파, 식초를 이용하여 허브에센스(herb essence)를 만들어 사용하시오.

❷ 정제 버터를 만들어 사용하시오.

❸ 소스는 중탕으로 만들어 굳지 않게 그릇에 담아내시오.

❹ 소스는 100mL 이상 제출하시오.

지급재료

- 달걀 2개
- 양파(중, 150g) 1/8개
- 식초 20mL
- 검은통후추 3개
- 버터(무염) 200g
- 레몬 1/4개(길이(장축)로 등분)
- 월계수잎 1잎
- 파슬리(잎, 줄기 포함) 1줄기
- 소금(정제염) 2g
- 흰후춧가루 1g

만드는 법

❶ 양파는 곱게 채 썰고, 통후추는 으깨고, 레몬은 막과 씨를 제거하고 즙을 짠다.

❷ 냄비에 물 4큰술, 식초 1큰술, 양파, 월계수잎, 통후추, 파슬리 줄기를 넣어 3큰술 남을 때까지 끓여 거즈에 걸러 허브 에센스(herb essence)를 만든다.

❸ 버터는 중탕하여 녹이고, 이때 생기는 불순물은 건어내고 위에 뜨는 맑은 정제 버터를 준비한다.

❹ 볼을 따뜻한 물 위에 올리고 노른자와 허브 에센스(herb essence)를 넣어 섞고 버터를 한 방울씩 넣어가며 젓는다. 유화가 안정되면 버터의 양을 조금씩 늘려 넣어주면서 농도가 되직해질 때까지 저어 준다.

❺ 농도가 되면 레몬즙을 넣고, 소금, 흰후춧가루를 넣어 간한다.

❻ 완성 그릇에 굳지 않게 100mL 이상 담아낸다.

Tip

• 네덜란드식 버터소스로 달걀, 생선, 가금류, 채소요리에 사용하며 고소하고 새콤한 맛이 난다.
• 소스 만드는 과정에서 온도가 너무 낮으면 소스가 굳어버리고 온도가 너무 높으면 달걀이 익거나 농도가 너무 묽어지므로 중탕냄비에 올렸다 내렸다 하면서 온도를 조절한다.
• 완성품의 색은 노랗고 따뜻한 마요네즈 느낌이다.

Memo

Brown Gravy Sauce
브라운 그레이비 소스

요구사항

※ 주어진 재료를 사용하여 다음과 같이 브라운 그레이비 소스를 만드시오.

❶ 브라운 루(Brown Roux)를 만들어 사용하시오.
❷ 채소와 토마토 페이스트를 볶아서 사용하시오.
❸ 소스의 양은 200mL 이상 제출하시오.

지급재료

- 셀러리 20g
- 버터(무염) 30g
- 밀가루(중력분) 20g
- 브라운 스톡 300mL
  (물로 대체 가능)
- 소금(정제염) 2g
- 검은후춧가루 1g
- 양파(중, 150g) 1/6개
- 당근 40g(둥근 모양이
  유지되게 등분)
- 토마토 페이스트 30g
- 월계수잎 1잎
- 정향 1개

만드는 법

① 양파, 당근, 섬유질 제거한 셀러리는 얇고 일정하게 채 썬다.

② 팬에 버터를 두르고 양파, 당근, 셀러리를 갈색이 나게 충분히 볶는다.

③ 냄비에 버터를 녹여 밀가루를 넣고 낮은 불에서 진한 갈색의 브라운 루를 볶는다.

④ 브라운 루에 토마토 페이스트를 넣고 타지 않게 볶아 스톡(물)으로 풀고 볶아 둔 채소, 부케가르니(양파, 월계수잎, 정향)를 넣고 센 불에서 끓이다가 중불로 조절하고, 거품을 제거하면서 걸쭉할 때까지 은근하게 끓인다.

⑤ ④의 소스가 알맞은 농도가 되면 체에 걸러 소금, 후추로 간한다.

⑥ 완성 그릇에 200mL 이상 담는다.

Tip

- 그레이비란 육즙을 뜻하는 것으로 육류를 철판에 로스트할 때 고이는 짙은 육수를 이용하여 만드는 소스를 그레이비 소스라고 한다.
- 브라운 루는 태우지 않고 진한 갈색을 내기 위해서는 약한 불에서 서서히 볶아야 한다.
- 페이스트는 쉽게 타므로 브라운 루를 볶다가 페이스트를 넣을 때는 온도에 주의한다.

Memo

Tartar Sauce
타르타르 소스

요구사항

※ **주어진 재료를 사용하여 다음과 같이 타르타르 소스를 만드시오.**

❶ 다지는 재료는 0.2cm 크기로 하고 파슬리는 줄기를 제거하여 사용하시오.

❷ 소스는 농도를 잘 맞추어 100mL 이상 제출 하시오.

지급재료

- 마요네즈 70g
- 오이피클(개당 25~30g) 1/2개
- 양파(중, 150g) 1/10개
- 파슬리(잎, 줄기 포함) 1줄기
- 달걀 1개
- 소금(정제염) 2g
- 레몬(길이(장축)로 등분) 1/4개
- 흰후춧가루 2g
- 식초 2mL

만드는 법

❶ 물에 달걀과 약간의 소금을 넣어 끓으면 중불로 낮춰 12~13분 삶아 완숙한다.

❷ 양파는 0.2cm 크기로 다져 연한 소금물에 절였다가 물에 헹구어 매운맛을 제거하고 물기를 짠다. 피클은 0.2cm 크기로 잘게 다진다.

❸ 파슬리는 곱게 다져 거즈에 싸서 흐르는 물에 헹궈 녹즙 제거 후, 보슬보슬한 가루가 되게 한다.

❹ 레몬은 막과 씨를 제거하고 레몬즙을 짠다.

❺ ①의 달걀이 식으면 흰자는 0.2cm 크기로 곱게 다지고, 노른자는 체에 내린다.

❻ 마요네즈, 양파, 피클, 파슬리, 달걀, 레몬즙, 식초, 소금, 흰후춧가루를 섞어 묽지 않게 농도를 맞춘다.

❼ 완성 그릇에 100mL 이상 담는다.

Tip

• 주로 생선 튀김요리에 사용하는 소스이다.
• 찍어 먹는 소스이므로 농도가 묽지 않아야 한다.
• 흰색 소스이므로 달걀노른자를 많이 넣지 않는다.

Memo

(사)한국식음료외식조리교육협회 교재 편집위원 명단

지역	훈련기관명	기관장	전화	홈페이지
서울	동아요리기술학원	김희순	02-2678-5547	http://dongacook.kr
인천	국제요리학원	양명순	032-428-8447	http://www.kukjecook.co.kr
	다인요리제과제빵전문학원	이은미	032-875-5266	http://www.dainyori.com
	상록호텔조리전문학교	윤금순	032-544-9600	www.sncook.or.kr
	제일요리학원	유재경	032-425-8922	http://ijeilcook.modoo.at
강원도	김희진요리제과제빵커피전문학원	김희진	033-252-8607	http://www.김희진요리제과제빵커피전문학원.kr
	삼척요리제과제빵직업전문학교	조순옥	033-574-8864	
경기	경기외식직업전문학교	박은경	031-278-0146	http://www.gcb.or.kr
	김미연요리제과제빵학원	김미연	031-595-0560	http://www.kimcook.kr
	김포중앙요리제과학원	정연주	031-988-4752	http://gfbc.co.kr
	동두천요리학원	최숙자	031-861-2587	
	마음쿠킹클래스학원	김미혜	031-773-4979	https://ypcookingclass.modoo.at
	부천조리제과제빵직업전문학교	김명숙	032-611-1100	http://www.bucheoncook.com
	용인요리제과제빵학원	김복순	031-338-5266	http://www.YonginCook.com
	월드호텔요리제과커피학원	이영호	031-216-7247	http://www.wocook.co.kr
	은진요리학원	이민진	031-292-9340	http://www.ejcook.co.kr
	이봉춘 셰프 실용전문학교	이봉춘	031-916-5665	http://www.leecook.co.kr
	이천직업전문학교	김미섭	031-635-7225	http://www.icheoncook.co.kr
	전통외식조리직업전문학교	홍명희	031-258-2181	http://jtcook.kr
	한국호텔관광실용전문학교	육광심	031-410-0888	http://www.jacook.net
	한선생직업전문학교	나순흠	031-255-8586	http://www.han5200.or.kr
	한양요리학원	박혜영	031-242-2550	http://blog.naver.com/hcook2002
	한주요리제과커피직업전문학교	정임	032-322-5250	http://hanjoocook.co.kr
경상도	거창요리제과제빵학원	정현숙	055-945-2882	https://cafe.naver.com/gcyori
	경주중앙직업전문학교	전경애	054-772-6605	https://njobschool.co.kr
	김천요리제과직업전문학교	이희해	054-432-5294	http://www.kimchencook.co.kr
	김해영지요리직업전문학교	김경린	055-321-0447	http://www.ygcook.com
	김해요리제과제빵학원	박소영	055-331-7770	http://www.khcook.co.kr
	뉴영남요리제과제빵아카데미	박경숙	055-747-5000	https://blog.naver.com/newyncooki
	상주요리제과제빵학원	안선희	054-536-1142	http://blog.naver.com/ashk0430

지역	훈련기관명	기관장	전화	홈페이지
경상도	울산요리학원	박성남	052-261-6007	http://ulsanyori.kr
	으뜸요리전문학원	김민주	055-248-4838	http://www.cookery21.co.kr
	일신요리전문학원	이윤주	055-745-1085	http://www.il-sin.co.kr
	진주스페셜티커피학원	한선중	055-745-0880	http://cafe.naver.com/jsca
	춘경요리커피직업전문학교	이선임	051-207-5513	http://www.5252000.co.kr
	통영조리직업전문학교	황영숙	055-646-4379	
충청도	서산요리학원	홍윤경	041-665-3631	
	세계쿠킹베이커리학원(청주)	임상희	043-223-2230	http://www.sgcookingschool.com
	아산요리전문학원	조진선	041-545-3552	
	엔쿡당진요리학원	진민경	041-355-3696	https://cafe.naver.com/dangjin3696
	엔쿡천안요리직업전문학교	박문수	041-522-5279	http://www.yoriacademy.com
	천안요리학원	김선희	041-555-0308	http://www.cookschool.co.kr
	충남제과제빵커피직업전문학교	김영희	041-575-7760	http://www.somacademy.co.kr
	충북요리제과제빵전문학원	윤미자	043-273-6500	http://cbcook.co.kr
	한정은요리학원	한귀례	041-673-3232	
	홍명요리학원	강병호	042-226-5252	http://www.cooku.com
전라도	궁전요리제빵미용직업전문학교	김정여	063-232-0098	http://www.gj-school.co.kr
	세종요리전문학원	조영숙	063-272-6785	http://www.sejongcooking.com
	예미요리직업전문학교	허이재	062-529-5253	www.yemiyori.co.kr
	이영자요리제과제빵학원	배순오	063-851-9200	http://www.leecooking.co.kr
	전주요리제과제빵학원	김은주	063-284-6262	http://www.jcook.or.kr

사진촬영에 도움을 주신 분

정희원 사진작가 : 010-5313-3063

저자와의
합의하에
인지첩부
생략

양식조리기능사 실기

2019년 10월 31일 초 판 1쇄 발행
2022년 4월 20일 제2판 1쇄 발행
2024년 1월 10일 제3판 1쇄 발행

지은이 (사)한국식음료외식조리교육협회
펴낸이 진욱상
펴낸곳 (주)백산출판사
교 정 박시내
본문디자인 신화정
표지디자인 오정은

등 록 2017년 5월 29일 제406-2017-000058호
주 소 경기도 파주시 회동길 370(백산빌딩 3층)
전 화 02-914-1621(代)
팩 스 031-955-9911
이메일 edit@ibaeksan.kr
홈페이지 www.ibaeksan.kr

ISBN 979-11-6567-757-2 13590
값 13,000원